养牛与牛病防治

实训手册

◎ 黎晓磊　王　源　范忠原　主编

中国农业科学技术出版社

图书在版编目（CIP）数据

养牛与牛病防治实训手册 / 黎晓磊，王源，范忠原主编. -- 北京 : 中国农业科学技术出版社，2025. 1.

ISBN 978-7-5116-7139-4

Ⅰ. S823-62；S858.23-62

中国国家版本馆 CIP 数据核字第 20248VJ426 号

责任编辑 任玉晶 费运巧
责任校对 马广洋
责任印制 姜义伟 王思文

出 版 者 中国农业科学技术出版社
北京市中关村南大街 12 号 邮编：100081
电 话 （010）82106641（编辑室）（010）82106624（发行部）
（010）82109709（读者服务部）
网 址 https://castp.caas.cn
经 销 者 各地新华书店
印 刷 者 中煤（北京）印务有限公司
开 本 185 mm × 260 mm 1/16
印 张 20.75
字 数 468 千字
版 次 2025 年 1 月第 1 版 2025 年 1 月第 1 次印刷
定 价 50.00 元

编 委 会

主　编

黎晓磊　王　源　范忠原

副主编

牛骁麟　徐其红　景建武

参　编

马进勇　汪正英　毛玉平

杨　婕　张萌娥　牛天悦

王　琦　才仁永丁　汪　雄

王潞菊　汪洋洲

前言 PREFACE

《养牛与牛病防治实训手册》是根据教育部《关于全面提高高等职业教育教学质量的若干意见》和《关于加强高职高专教育教材建设的若干意见》等文件精神，依据地区社会经济发展对养牛生产行业高素质技能型人才的要求，以能力为本位、以就业为导向，突出实践技能结合畜牧兽医类专业高职高专人才培养方向编写的。本实训手册是围绕养牛生产教学改革的辅助教材，也适应了我国21世纪高职人才培养目标和本行业当前发展需要。

“养牛与牛病防治”是高等职业院校畜牧兽医类专业的主要专业课程，本实训手册作为辅助教材，其编写是根据养牛生产行业企业发展需要和完成岗位任务需要的能力和素质要求培养选取的教学内容，是基于养牛生产实际工作而开发的一门实用性较强的课程。本实训手册编写时我们力求以工作为导向，以任务为驱动，以生产环节为主线，以操作技能为轴线，以理论知识够用、实践技能过硬为原则，突出职业内容，兼顾学术内容，充分体现本实训手册的实用性、针对性、直观性和新颖性。

本实训手册包括六个项目，项目中又包括了不同的任务（单项技术），通过以项目任务为载体，使课程的实践教学紧密结合生产实际和岗位工作过程并分层次逐步提升。其结构体系较为科学完整，充分实现了理论与实践、课堂与课外、专项训练与综合训练紧密结合。

本实训手册在编写过程中参阅了许多专家的著作，在此致以诚挚谢意！由于编者水平有限，书中难免有不足或错漏之处，敬请广大读者批评指正！

编者

2024年6月

目录 CONTENTS

项目
六

项目一

奶牛的饲养管理

实训一 乳用、乳肉兼用品种识别（2学时）

任务描述

掌握牛的名称、产地、外貌特征、产乳性能及主要优点、缺点。

实训目的

（1）合理培育、选育不同用途牛的品种是养牛行业的重要任务，只有熟悉牛的品种特点，才能更好地利用国内外优良品种。

（2）通过完成本实训任务使学生认识国内外著名牛品种的外貌特征、生产性能、培育地、突出优点及地方适应性，以及在品种培育中的优势。

实训要求

（1）不同品种的牛地方适应性不同，从而有其特定的生产性能和优缺点，要求学生掌握乳用、乳肉兼用的外貌特性。

（2）认识国内外地方良种的牛品种特性、生产性能和培育利用情况，重点掌握国外良种牛和国内重要地方优良品种牛的特征和识别要点。

（3）识别品种牛时，要多观察并反复进行比较，以掌握其区别要点。

（4）学生能够严格按照实训步骤规范、安全地完成实训操作，认真撰写实训报告。

实训准备

不同品种牛的模型、图片、视频，以及牛场、实体牛等。

实训筹划

（1）回顾品种牛的分类及乳用品种、兼用品种的相关理论点。

（2）从品种牛的外貌、体形、乳房、前躯、尻部确定生产方向及品种名称。

（3）对品种牛的产地、外貌特征、生产性能及主要优缺点进行认真描述。

（4）分小组进行讨论，反复操作并对操作过程进行详细描述。

（5）学生操作过程中教师须做全程评价，操作完成后学生须对实习过程进行小结。

（6）学生撰写实训报告。

实训步骤

步骤一 做好实训前准备

教师指导学生在课堂观看乳用品种牛的图片、模型、视频等教学资源，对不同品种牛的特征产生感性认识。教师按产地、育成史、外貌特征、生产性能及优缺点对乳用品种牛进行分析，阐述其育种价值、利用成果并进行对比讲解，加深学生对不同经济类型牛的印象。有条件的情况下，可以到牛场在教师的指导下进行现场参观学习，鉴别品种牛的不同外貌特征及品种特征。让学生分组进行仔细观察和记录，了解不同经济类型及品种特征，特别要观察其头部、体形、毛色、蹄和尾帚的典型特点。

乳用品种牛外貌特征及生产性能见表1-1，兼用品种外貌特征及生产性能见表1-2。

表 1-1 乳用品种牛外貌特征及生产性能

品种	原产地	外貌特征	公牛体重 /kg	母牛体重 /kg	生产性能
中国荷斯坦牛	中国	毛色以黑白花为主，额部多有白色不规则花片，腹底部、四肢腕和跗关节（飞节）以下、尾端呈白色；多数牛有角，角多由两侧向前、向内弯曲，角体蜡黄；体躯较大，成年母牛体形清秀，尻长、角度适中，棱角分明，结构匀称，前望、上望、侧望均呈楔形；被毛细而短，皮薄有弹性，皮下脂肪少；头清秀狭长；背线平直；腹大而不下垂；后躯宽深；四肢端正，结实有力；乳房发达，乳静脉粗大而多弯曲，前伸后展，附着良好，质地柔软，乳头大小适中、分布均匀	900 ～ 1 100	450 ～ 600	年泌乳量 7 000 ～ 8 000 kg，乳脂率 3.4% ～ 3.8%
荷斯坦牛	荷兰	毛色黑白相间，轮廓清晰，腹下、四肢、尾帚多为白色；后躯较前躯发达，侧看呈楔形；公母牛均有角；体形高大，骨细，皮薄而有弹性；头部清秀；颈部修长；体躯较大，胸部宽深；背腰平直，尻部宽平；乳房庞大，乳静脉明显	900 ～ 1 200	650 ～ 750	年泌乳量 6 000 ～ 8 000 kg，乳脂率 3.6% ～ 3.8%
娟姗牛	英国	毛色有灰褐、浅褐和深褐色，以浅褐色为多；有角，角为琥珀色，角尖黑色；乳用品种中的高脂品种，体形较小，尾巴细长，尾帚、鼻镜和舌头为黑色	650 ～ 750	360 ～ 400	年泌乳量 3 500 ～ 4 000 kg，乳脂率 5.5% ～ 6.8%

（续表）

品种	原产地	外貌特征	公牛体重 /kg	母牛体重 /kg	生产性能
更赛牛	英国	毛色浅黄，个别浅褐，体、额、腹下、四肢、尾帚多为白毛；颈长而薄，体格中等，体躯较宽深，后躯发育好，乳房发达，耐粗饲，易放牧，以高乳蛋白以及奶中较高的胡萝卜素含量而著名	568～1 023，平均 771	363～727，平均 499	年泌乳量 4000～6659 kg，乳脂率4.48%～4.86%
爱尔夏牛	英国	毛色红，白花，尾帚白色；被毛有小块的红斑或红白纱毛；公母牛均有角，角细长、色蜡白，角尖黑色，角形奇特（角根部向外方凸出，逐渐向上弯）；体格中等；胸深但较窄，关节粗壮；乳房匀称，乳头中等长	800～900	550～750	年泌乳量 4000～5 400 kg，最高个体泌乳量达 7718 kg，乳脂率 1.0%～5.0%

表 1-2　兼用品种牛外貌特征及生产性能

品种	产地	外貌特征	公牛体重 /kg	母牛体重 /kg	屠宰率 /%	年泌乳量 /kg	乳脂率 /%
西门塔尔牛	瑞士	被毛黄白花或红白花，但头、胸、腹下和尾帚多为白毛；角较细而向外上方弯曲；头大、额宽、颈短；体躯长，肋骨开张；前后躯发育好；胸深；尻平宽；四肢结实；大腿肌肉发达；乳房发育好	1 000～1 200	650～800	55～65	3 500～4 500	3.64～4.13
瑞士褐牛	瑞士	毛色为浅褐、灰褐和深褐，鼻镜四周有一浅色或白色带，鼻、舌、角尖、尾帚及蹄为黑色；体躯结构匀称；头宽短；颈粗短，垂皮不发达；背腰平直；乳房结构匀称	1 000～1 200	600～700	50～60	2 500～3 800	3.23～3.87
丹麦红牛	丹麦	被毛红色或深红色；体格较大；体躯方正深长；背腰平直；四肢粗短结实；乳房发达匀称	1 000～1 300	660～720，初生重 40	54～57	6 712～7 316	4.17～4.31

（续表）

品种	产地	外貌特征	公牛体重 /kg	母牛体重 /kg	屠宰率 /%	年泌乳量 /kg	乳脂率 /%
新疆褐牛	新疆	体格中等，体质结实，匀称，肌肉丰满；背腰平直，胸较宽深，腰丰圆，臀部方正；头清秀，角中等大小，向侧前上方弯曲；四肢较短而结实；乳房良好；被毛为深浅不一的褐色，额顶、角基、口轮周围及背线为灰白色或黄白色	600 ～ 850	430 ～ 560		2 100 ～ 3 500	4.03 ～ 4.08
三河牛	内蒙古	体躯高大，结构匀称，骨骼粗壮，体质结实，肌肉发达；头清秀，眼大明亮，有角，角向上前方弯曲；颈窄，胸深，背腰平直，腹围圆大，体躯较长；四肢坚实，姿势端正；乳头不够整齐；被毛为界限分明的红（黄）白花片，头白色或有白斑，腹下、尾尖及四肢下部为白色	850 ～ 1 050	450 ～ 548	50 ～ 55	2 868 ～ 3 205	4.00 ～ 4.17
中国草原红牛	吉林、河北等	体质结实，头较轻，角向上方弯曲（有的无角），呈蜡黄色；毛色为紫红或深红色，眼圈、鼻镜多呈粉红色，颈肩宽厚，结合良好；四肢端正，蹄质结实；体躯略呈长方形，肌肉丰满，结构匀称；乳房发育较好，被毛光泽	850 ～ 1 000	450 ～ 550	51 ～ 59	1 800 ～ 2 000	3.80 ～ 4.02

步骤二 进行实训操作

（1）对模型、图片和活体进行观察，原则是由远及近、先静后动的。

（2）观察后描述品种牛的外貌特征、生产性能、主要产地。

（3）对比所学品种牛的标准外貌特征和生产性能，比较其不同点。

步骤三 撰写实训报告

要求：调查本地区饲养牛的品种，叙述其品种特征和生产性能，并做鉴别比较说明。

乳用、乳肉兼用品种牛识别实训报告

姓名:____________ 班级:____________ 内容:______________ 日期:____________

实训目的	
实训材料	
实训步骤	
结果分析	
学习体会	
教师评价	教师签字： 年　　月　　日

实训评价

实训评价表

评价项目	分值	扣分依据	自评分值	小组评分	教师评分	掌握程度
品种	10 分	描述错误不给分				基本 / 熟练
产地	10 分	描述错误不给分				基本 / 熟练
外貌特征	25 分	描述错误 1 处扣 5 分				基本 / 熟练
产乳性能	25 分	描述错误 1 处扣 5 分				基本 / 熟练
优点	10 分	描述错误不给分				基本 / 熟练
缺点	10 分	描述错误不给分				基本 / 熟练
总结	10 分	描述错误不给分				基本 / 熟练
总计	100 分					

乳牛的外貌评分（2学时） 实训二

任务描述

通过对品种牛外貌选择标准的学习，选择出生产母牛。鉴定前须对牛的品种、年龄、胎次、产犊日期、泌乳天数、妊娠日期、产奶量及饲养管理等情况进行调查确认。

实训目的

（1）掌握乳用母牛、公牛、犊牛和育成牛的外貌鉴定项目及评分标准。

（2）乳牛外貌鉴定的基本方法和要领，为选择牛打好基础。

实训要求

（1）鉴定应在宽敞、平坦、光线充足的场所进行。

（2）将被鉴定的牛拴在并排的桩子上，每头牛距离 3 ～ 4 m。

（3）鉴定人员站在离牛 4 ～ 6 m的地方，由远到近观察牛的整体和局部情况后进行评分。

（4）学生能够严格按照实训步骤规范、安全地完成实训操作，认真撰写实训报告。

实训准备

（1）乳用母牛、公牛、犊牛和育成牛的外貌鉴定评分表，外貌鉴定评分标准，外貌鉴定评分空格表等。

（2）乳用母牛、公牛、犊牛和育成牛相关图片、模型、视频等教学资源。

实训筹划

（1）回顾品种牛外貌鉴定的方法，重点掌握百分外貌评分法。

（2）做好鉴定品种牛的准备工作。

（3）按鉴定标准进行鉴定，鉴定过程中要严谨、认真地完成鉴定操作。

（4）分小组进行讨论，反复操作并对操作过程进行详细描述。

（5）学生操作过程中教师须做全程评价，操作完成后学生须对实习过程进行小结。

实训步骤

步骤一 做好鉴定前准备

1. 头部

将准备鉴定的牛拴在宽敞、平坦的场所，鉴定人员由远到近、由整体到局部细致地观察，对照外貌鉴定评分表的要求给予评分，并评定出等级。头部从前面、侧面、上面三个方位看均呈三角形。以鬐甲和肩端的连线与躯干部分界，以枕骨脊为界与颈部相连。乳牛头较狭长，清秀细致（头的长短是指头长与体长的百分比而言，超过34%为长头，不足26%为短头）。乳牛角形是其品种特征之一，角质的光润致密程度与其体质、营养有关。乳牛耳宜薄，毛细，血管明显；额宜宽，以示其脑部发育良好；眼宜大而圆，眼睛灵活、明亮、温和，显示其健康和温驯；要求鼻孔大、鼻镜宽，嘴宽、口裂深；乳牛颈部与头和躯干部的连接要自然，结合部位不应有明显的凹陷，颈宜薄、长而平直，颈长为体长的30%左右，两侧有较多的细微波纹。

2. 躯干

鬐甲要求长平而较窄，与背线呈水平状态，可以显示乳牛的生产性能和健康状况：尖鬐甲为胸部发育不良，双鬐甲为胸部发育过度。胸部要求深而宽，胸深应为体高的1/2以上；肋间距宽，长而开张。如胸部容积较小，显示其心肺发育不良。背腰部要求长直而宽，背与乳牛的体质强弱及生产性能密切相关，凹背、凸背、波浪背、窄背均为严重缺陷。乳牛腹部要求宽深、大而圆，腹线与背线平直。乳牛的腹部与生产性能关系密切，卷腹、垂腹均为缺陷。尻部要求长、宽、平、方，两腰角距离要宽。乳牛的尻部与生产性能和繁殖性能密切相关，与乳房的发育也有密切的关系，长、平、宽的尻是好的表现。

母牛要求阴唇发育良好，外形正常，阴户大而明显。尾宜垂直，尾帚宜细长，要求超过飞节。公牛要求两个睾丸对称，睾丸直径要宽，大小长短要求一致，附睾发育良好，包皮要求整洁。

3. 乳房

对乳牛来说，有一个发育良好的标准乳房是最重要的。乳房要求容积大，呈方圆形，底线平坦，乳腺发达，柔软并富有弹性；四乳区发育匀称，前伸后延，附着良好。表面具有薄而细的皮肤，短而稀的细毛，弯曲而明显的乳静脉，宽而大的乳镜，粗而深的乳井。乳房腺体组织要发育良好，这样的乳房挤奶前后形状变异较大，是理想的腺质乳房：4个乳头距离应均匀、宜宽，大小适中，垂直呈柱形。乳静脉左右各一条，是乳房血液沿腹部下方向心脏回流的主要管道。乳静脉应粗大、弯曲、分支多，明显可见。乳井（乳静脉从胸腹部进入胸腔的孔道）要求粗大而深，其大小是乳静脉粗细的标志。

4. 肢蹄

由于母牛的生殖器官、乳房均在后躯，因此后肢比前肢更加重要。要求其前肢应

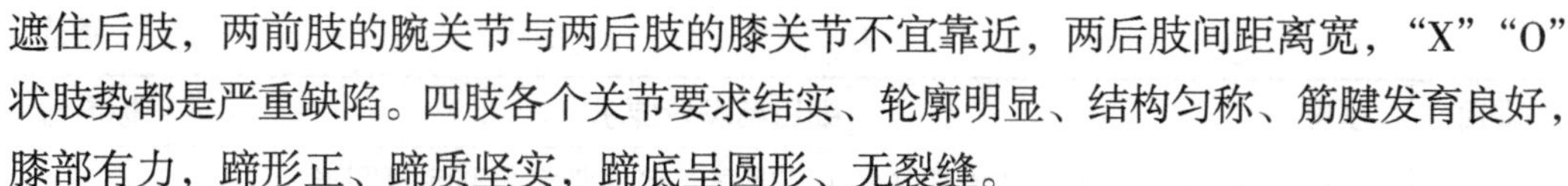

遮住后肢，两前肢的腕关节与两后肢的膝关节不宜靠近，两后肢间距离宽，“X”“O”状肢势都是严重缺陷。四肢各个关节要求结实、轮廓明显、结构匀称、筋腱发育良好，膝部有力，蹄形正、蹄质坚实，蹄底呈圆形、无裂缝。

步骤二 鉴定操作

（1）从前面看，由鬐甲顶点分别向左右两肩做直线，构成一个三角形，则表示鬐甲和肩部肌肉不多，胸廓宽阔，肺活量大。

（2）从侧面看，背线和乳房腹线向前延伸呈三角形，则表示奶牛前躯浅、后躯深，消化系统、生殖器官和泌乳系统均发育良好，产奶量高。

（3）从上面看，由鬐甲分别向左右两腰角做直线，构成一个三角形，则表示后躯宽大，发育良好。

步骤三 鉴定评分

以总分 100 分制成评分表（表 2-1、表 2-2），鉴定人员依表内要求对奶牛进行系统的外貌鉴定。鉴定时人与牛保持大约 10 m的距离，首先分别从前面、侧面、后面不同的角度观察乳牛体形，令其走动几步，获取一个概括认识后再走近牛体；然后对各部位进行细致观察、分析并评出分数；最后汇总，按登记评分标准确定等级。我国乳牛的评分标准按GB/T 3157—2023《中国荷斯坦牛》标准进行。

表 2-1 中国荷斯坦牛外貌评分表

项目	序号	细目与满分要求	标准分
一般外貌	1	头、颈、鬐甲、后肢等部位棱角和轮廓明显	15
	2	皮肤薄而有弹性，毛细而有光泽	5
	3	体高大而结实，各部结构匀称，结合良好	5
	4	毛色黑白花，界线分明	5
	小计		30
体躯	5	长、深、宽	5
	6	肋骨间距宽、长而开张	5
	7	背腰平直	5
	8	腹大却不下垂	5
	9	尻部平、长、宽	5
	小计		25
泌乳系统	10	乳房形状好，向前后延伸，附着紧凑	12
	11	乳房质地好，乳腺发达，柔软而有弹性	6
	12	四乳区，前乳区中等长，四个乳区匀称	6
	13	乳头大小适中，垂直呈柱形，间距匀称	3
	14	乳静脉弯曲而明显，乳井大，乳房静脉明显	3
	小计		30

（续表）

项目	序号	细目与满分要求	标准分
蹄肢	15	前肢：结实，肢势良好，关节明显，蹄质坚实，蹄底呈圆形	5
	16	后肢：结实，肢势良好，左右两肢间宽，膝部有力，蹄形正，蹄坚实，蹄底呈圆形	10
	小计		15
	总计		100

表 2-2　中国荷斯坦牛外貌评分等级标准

性别	特级	一级	二级	三级
公	85	80	75	70
母	80	75	70	65

乳牛的乳房、四肢和躯体中有一项明显生理缺陷者，不能被评为特级；有两项者，不能被评为一级；有三项者，不能被评为二级。良种母牛，凡乳房、四肢、尻部和中躯四个部位中的一项有明显外貌缺陷者，均不予以登记。

步骤四 撰写实训报告

要求：详细描述鉴定步骤并对评分结果进行分析。

乳牛的外貌评分实训报告

姓名：＿＿＿＿＿＿ 班级：＿＿＿＿＿＿ 内容：＿＿＿＿＿＿＿ 日期：＿＿＿＿＿＿

实训目的	
实训材料	
实训步骤	
结果分析	
学习体会	
教师评价	教师签字： 年　月　日

实训评价

实训评价表

评价项目	分值	扣分依据	自评分值	小组评分	教师评分	掌握程度
鉴定前调查	10分	错误不给分				基本 / 熟练
鉴定场所选择	10分	错误不给分				基本 / 熟练
鉴定部位选择	40分	错误1处扣5分				基本 / 熟练
正确评分	30分	错误1处扣5分				基本 / 熟练
整理数据	10分	错误不给分				基本 / 熟练
总计	100分					

奶牛线性鉴定（2学时） 实训三

任务描述

掌握奶牛线性鉴定的方法，并给母牛打分。

实训目的

使学生理解奶牛体形线性评定的基本原理，掌握其基本方法和要领。

实训要求

（1）鉴定应在宽敞、平坦、光线充足的场所进行。

（2）将被鉴定的牛拴在并排的桩子上，每头牛距离 3 ～ 4 m。

（3）鉴定人员站在离牛 4 ～ 6 m的地方，由远到近观察牛的整体和局部情况后再进行评分。

（4）学生能够严格按照实训步骤规范、安全地完成实训操作，认真撰写实训报告。

实训准备

（1）乳用母牛、鉴定评分表、鉴定评分标准、测杖、卷尺、圆形测量仪等。

（2）鉴定前须对牛的品种、年龄、胎次、产犊日期、泌乳天数、妊娠日期、产奶量及饲养管理等情况进行调查确认。

实训筹划

（1）回顾奶牛外貌鉴定的方法，重点掌握线性鉴定法。

（2）做好鉴定品种牛的准备工作。

（3）按鉴定标准进行鉴定，如一般外貌、乳用特征、体躯容积和泌乳系统等。

（4）根据特征性状中的 15 个主要性状进行评定，鉴定过程中要严谨、认真地完成鉴定操作。

（5）分小组进行讨论，反复操作并对操作过程进行详细描述。

（6）学生操作过程中教师须做全程评价，操作完成后学生须对实习过程进行小结。

实训步骤

步骤一 做好鉴定前准备

通过一般外貌、乳用特征、体躯容积和泌乳系统等4个特征性状中的23个具体性状进行评定，对照鉴定评分表（表3-1）给予评分，并评定出等级。

（1）体高。体高根据尻高（十字部高）评分。

（2）前段。鬐甲与十字部的相对高度差。

（3）体躯大小（体重）。以胸围为依据。

（4）胸宽。胸宽是指两肩胛骨后缘周径之间的最大距离。

（5）体深。体深与容纳粗饲料的能力相关。

（6）腰强度。观察腰部结实程度，即臀部的荐椎至第1腰椎之间的连接强度和腰部短肋的发育状态。

（7）尻角度。尻角度与牛的生产和繁殖性能有关，为腰角至同侧坐骨端的倾斜度，即坐骨端与腰角的相对高度。

（8）尻宽。尻宽与易产性有关，尻部越宽产犊越顺利，可用两坐骨端之间的距离表示。

（9）蹄角度。指蹄壁与蹄底所呈角度。

（10）蹄踵深度。指后蹄踵上沿与地面间的相对高度。

（11）骨质地。指后肢骨骼的细致与结实程度。

（12）后肢侧视。后肢姿势可直接影响肢蹄部的耐力，以飞节角度表示。

（13）后肢后视。后肢两个飞节平行垂直于地面。

（14）乳房深度。乳房深度关系到乳房容积大小，一定的乳房深度有利于乳房容积，而乳房太深则易引起损伤和乳房炎，也是乳房下垂的表现。

（15）乳房质地。乳房皮肤薄，手触摸乳房富有弹性，挤奶前后体积差异很大则为腺乳房。

（16）中央悬韧带。中央悬韧带的强弱直接决定了乳房的悬垂状况，可用后乳房基部到中央悬韧带的深度表示。

（17）前乳房附着。反映了乳房侧悬韧带附着的坚实程度，可用手伸入前乳房与腹壁的难易程度表示。

（18）前乳头位置。反映了乳头分布的均匀程度，也关系到挤奶操作的难易程度和是否容易发生损伤。乳头的中央分布位置为：把前乳房宽三等分，前乳头的位置恰好处于三等分线上。

（19）前乳头长度。乳头长度关系到挤奶操作的难易程度。

（20）后乳房高。后乳房高是乳房容积大小的因素之一，与产奶、贮奶能力直接相关。可用乳腺组织上缘与阴门基部的距离评定。

（21）后乳房宽。后乳房宽是乳房另一个潜在产奶、贮奶能力的标志。用乳腺组织上缘的距离表示。

（22）后乳头位置。反映了乳头分布的均匀程度，关系到挤奶操作的难易程度和是否容易发生损伤。乳头的中央分布位置为：把后乳房宽三等分，四个乳头的位置恰好处于三等分线上。

（23）棱角性（乳用性，清秀度）。棱角性是乳用特征的反映。中等程度为：头狭长清秀，颈细长；鬐甲棘突高出肩胛，鬐甲角度60°左右，从侧面能隐隐约约看到胸椎棘突起和23根肋骨；大腿薄，四肢关节明显；全身皮肤薄，骨骼细，具有细致紧凑的体形。

表 3-1　线性评分转换百分表

项目	代号	9	8	7	6	5	3	2	1
体高	V_1	95	100	95	90	85	70	64	57
前段	V_2	85	90	100	90	80	68	64	56
体躯大小	V_3	100	95	90	85	80	65	60	55
胸宽	V_4	95	90	85	80	75	65	60	55
体深	V_5	85	90	95	90	80	68	64	56
腰强度	V_6	95	90	85	80	75	65	60	55
尻角度	W_1	65	70	75	80	90	70	62	55
尻宽	W_2	95	90	82	79	75	65	60	55
蹄角度	X_1	85	95	100	90	81	70	64	56
蹄踵深度	X_2	100	95	90	85	80	69	64	57
骨质地	X_3	100	95	90	85	80	69	64	57
后肢侧视	X_4	55	65	75	80	95	75	65	55
后肢后视	X_5	100	90	85	81	78	69	64	57
乳房深度	Y_1	55	65	75	85	95	75	65	55
乳房质地	Y_2	95	90	85	80	75	65	60	55
悬韧带	Y_3	95	90	85	80	75	65	60	55
前乳房附着	Y_4	95	90	85	80	75	65	60	55
前乳头位置	Y_5	75	80	85	90	85	75	65	57
前乳头长度	Y_6	55	65	70	75	80	65	60	55
后乳房高	Y_7	100	95	90	85	80	70	65	55
后乳房宽	Y_8	100	95	90	85	80	70	65	55
后乳头位置	Y_9	55	65	70	75	90	65	60	55
棱角性	Z_1	95	90	85	81	78	69	64	57

（1）奶牛线性外貌评定的主要对象是母牛，从第 1 胎开始到第 4 胎止，每胎评定一次，从中取最高成绩认定为该牛的终身成绩。

（2）评定季节以春秋为宜，冬夏季会掩盖或夸大其棱角性，影响等级评定的准确性。

（3）评定时间为每胎产后 60 ～ 150 d，即第 3 至第 5 个泌乳月，以产后 60 d评定为最佳，并在挤奶前评定，在干乳期、围产期、疾病期等不评定。

（4）对于体躯左右侧均出现的某些性状，如蹄角度、后肢侧视等，应评定健康的、最佳的一侧。

（5）鉴定人员要注意安全，可用自身的体尺（如体高、臂长、乍长等）作为对照标准，估计其各种性状。

步骤二 鉴定评分

先远观，完成远观评分后让牛走动起来，观察打分；再在近处通过眼观、触摸、测量鉴定后打分，并完成表 3-2。

表 3-2　奶牛体形线性评定要点及得分

体躯部分	序号	性状	代号	中等程度评分要点	变化尺度	线性分数	功能分数
体形结构容量	1	体高	V_1	140 cm，5 分	每 ±2.5 cm，±1 个线性分		
	2	前段	V_2	鬐甲与十字部等高，5 分	每 ±1.25 cm，±1 个线性分		
	3	体躯大小	V_3	188～194 cm，5 分	一胎母牛 173～188 cm，每 ±3.75 cm，±1 个线性分；188～200 cm，每 ±3.00 cm，±1 个线性分。三胎母牛 181～194 cm，每 ±3.25 cm，±1 个线性分；194～206 cm，每 ±3.00 cm，±1 个线性分		
	4	胸宽	V_4	前内裆宽 25 cm，5 分	每 ±3 cm，±1 个线性分		
	5	体深	V_5	充实腹部，5 分	卷腹（犬腹）1 分，平直腹 3 分，草腹 7 分，垂腹 9 分		
	6	腰强度	V_6	腰部平直，5 分	腰部下凹，短骨发育短而细，1 分；腰部的腰椎骨微有隆起，短骨发育长 9 分		
尻部	7	尻角度	W_1	腰角高于坐骨端 4 cm，5 分	在 4～8 cm，每 ±1 cm，±1 个线性分；在 4～5 cm，每 ±2.25 cm，±1 个线性分		
	8	尻宽	W_2	尻宽 18 cm，5 分	每 ±2 cm，±1 个线性分		

（续表）

体躯部分	序号	性状	代号	中等程度评分要点	变化尺度	线性分数	功能分数
肢蹄	9	蹄角度	X_1	45°，5分	在25°～45°，每±7.5°，±1个线性分		
	10	蹄踵深度	X_2	2.5 cm，5分	每±0.5 cm，±1个线性分		
	11	骨质地	X_3	股骨（后大腿）细致程度中等，5分	股骨（后大腿）粗厚疏松1分，宽、扁平、细致9分		
	12	后肢侧视	X_4	飞节角度为145°，5分	在125°～165°，每±5°，±1个线性分		
	13	后肢后视	X_5	两个飞节之间距离较宽，5分	后肢两个飞节平行垂直于地面，9分，两个飞节之间距离较宽5分，两个飞节之间内向1～8分		
乳房之泌乳系统	14	乳房深度	Y_1	一胎和三胎牛分别为12 cm和5 cm，5分	牛乳房底部距飞节连线每±2 cm，±1个线性分		
	15	乳房质地	Y_2	半腺乳房，5分	腺乳房9分，结缔组织乳房1分		
	16	中央悬韧带	Y_3	沟深为3 cm，5分	沟深每±0.75 cm，±1个线性分		
前乳房	17	前乳房附着	Y_4	用手伸入前乳房与腹壁中等程度，5分	手很难伸入前乳房与腹壁，9分，很容易1分		
	18	前乳头位置	Y_5	乳头为中央分布，5分	乳头分布越集中，分数越高9分，越离散分数越低1分		
	19	前乳头长度	Y_6	乳头长度为5 cm，5分	在5～10 cm，每长0.8 cm，+1个线性分；在3～5 cm，每短0.625 cm，-1个线性分		
后乳房	20	后乳房高	Y_7	乳腺组织上缘与阴门基部的距离为24 cm，5分	在16～24 cm，每减少1 cm，+2个线性分；在24～32 cm，每增加1 cm，-2个线性分		
	21	后乳房宽	Y_8	乳腺组织上缘的距离为15 cm，5分	在7～23 cm，每±2 cm，±1个线性分		
	22	后乳头位置	Y_9	同前乳头位置	同前乳头位置		
乳用特征	23	棱角性	Z_1	细致紧凑，5分	粗糙疏松为1分，细致疏松和粗糙疏松3分，过于细致紧凑9分		

（续表）

步骤三 撰写实训报告

要求：完成实习报告，并将鉴定结果填入表 3-3。

奶牛线性鉴定实训报告

姓名：＿＿＿＿＿＿ 班级：＿＿＿＿＿＿ 内容：＿＿＿＿＿＿ 日期：＿＿＿＿＿＿

实训目的	
实训材料	
实训步骤	
结果分析	
学习体会	
教师评价	教师签字： 年　　月　　日

表 3-3 奶牛体形线性评分表

（奶牛号：__________）　　　　　　　　　　时间：__________

各评分部位		性状指标	指标值	评分（1~9）	功能分	加权分	缺陷减分	部位总得分
体形结构 / 容量（18%）		体高（15%）						
		前段（8%）						
		体躯大小（20%）						
		胸宽（29%）						
		体深（20%）						
		腰强度（8%）						
尻部（10%）		尻角度（36%）						
		尻宽（42%）						
		腰强度（22%）						
肢蹄（20%）		蹄角度（20%）						
		蹄踵深度（20%）						
		骨质地（20%）						
		后肢侧视（20%）						
		后肢后视（20%）						
乳房（40%）	泌乳系统（20%）	乳房深度（30%）						
		乳房质地（35%）						
		中央悬韧带（35%）						
	前乳房（35%）	前乳房附着（45%）						
		前乳头位置（20%）						
		前乳头长度（5%）						
		乳房深度（8%）						
		乳房质地（12%）						
		中央悬韧带（10%）						
	后乳房（45%）	后乳房附着高度（23%）						
		后乳房附着宽度（23%）						
		后乳头位置（14%）						
		乳房深度（12%）						
		乳房质地（14%）						
		中央悬韧带（14%）						
乳用特征（12%）		棱角性（60%）						
		骨质地（10%）						
		乳房质地（15%）						
		胸宽（15%）						
总分								
等级标准			优秀	很好	好加	好	一般	差
			90～100	85～89	80～84	75～79	65～74	65 以下
等级评判								
评价								

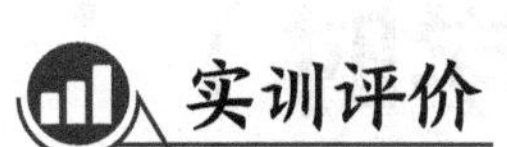

实训评价

实训评价表

评价项目	分值	扣分依据	自评分值	小组评分	教师评分	掌握程度
鉴定前调查	10 分	错误不给分				基本 / 熟练
鉴定场所选择	10 分	错误不给分				基本 / 熟练
鉴定部位选择	40 分	错误 1 处扣 5 分				基本 / 熟练
正确评分	30 分	错误 1 处扣 5 分				基本 / 熟练
整理数据	10 分	错误不给分				基本 / 熟练
总计	100 分					

实训四 牛的体尺测量(2学时)

任务描述

通过测量工具完成牛的体尺测量。

实训目的

(1)掌握牛的体尺测量工具的使用方法。

(2)掌握牛的体尺测量的部位和测量方法。

实训要求

为掌握牛的生长发育情况和各部位发育的协调性，需要对牛进行体尺测量，其体尺测量的数据有如下作用。

(1)矫正肉眼观察的错误。

(2)根据体尺大小综合判断牛的生产性能或生产方向。

(3)分析牛的生长发育程度。

(4)利用测量数据可对牛进行对比评价。

(5)由于测量目的不同，体尺测量的项目及部位可多可少。

(6)测量应在宽敞、平坦、光线充足的场所进行，要求被测牛端正站立于宽敞平坦的场地上，四肢直立，头自然前伸。

(7)将被鉴定牛保定，一般在牛的左侧进行测量。

(8)测量时一般一人保定、一人测量、一人记录，测量人员测量时应准确，操作宜迅速，每项指标应测量3次，取其平均值，并做好记录。

(9)学生能够严格按照实训步骤规范、安全地完成实训操作，认真撰写实训报告。

实训准备

成年母牛若干头、测杖、圆形触测器、皮卷尺、表格等。

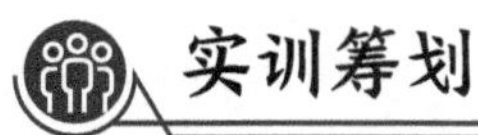

实训筹划

（1）复习牛体尺测量的内容。

（2）做好测量工具、测量牛的准备工作。

（3）用三种工具逐一鉴定，鉴定过程中要严谨、认真地完成操作。

（4）分小组进行讨论，反复操作并对操作过程进行详细描述。

（5）学生操作过程中教师须做全程评价，操作完成后学生须对实习过程进行小结。

（6）撰写实训报告。

实训步骤

步骤一 做好测量前准备

1. 实训工具

（1）卷尺。用皮卷尺测量牛的胸围、腹围、腿围和管围。

（2）测杖。用测杖测量牛的体高、荐高、十字部高、体斜长和体直长。

2. 实训部位

脸、口、鼻、耳、额、眼、颈、肩前沟、鬐甲、肩部、胸部、前肢、背部、腰部、体侧部、腹部、荐部、股部、后肢、尻部、尾。

3. 实训项目

根据生产目的不同以下测量项目可选择性测量。

（1）头长。由顶骨的突起部到鼻镜上缘的直线距离。

（2）额宽。两眼外突起之间的直线距离。

（3）体高。由鬐甲最高点到地面的垂直距离。

（4）体斜长。由肩胛骨前端到坐骨结节后端的直线距离。

（5）胸宽。左右肩胛骨中心点的距离。

（6）胸深。由鬐甲高点到胸骨底面的距离。

（7）胸围。在肩胛骨后端，绕胸一周的长度。

（8）尻高。荐骨最高点到地面的垂直距离。

（9）尻长。由髋骨突到坐骨结节的距离。

（10）腰角宽（十字部宽）。两髋骨突间的直线距离。

（11）管围。管骨上 1/3 的圆周长度（一般以左腿上 1/3 处为准）。

（12）肢高。由肘端到地面的垂直距离。

（13）尾长。由尾根到尾端的距离。

（14）尾宽。尾幅最宽部位的直线距离。

步骤二 实训操作

（1）测量时将牛保定到地势较平的场地进行测量。

（2）测量时保证牛的正常站姿，牛头端正、四肢端正。

（3）选择牛采食前测量，测量人员站在左侧操作。

（4）测量时 1 人测量、1 人保定、1 人记录。

（5）每个项目测量 2 次以上，取平均值。

（6）测量时注意安全，防止牛侧踢。

步骤三 撰写实训报告

要求：完成实训报告，将鉴定结果填入表 4-1。

牛的体尺测量实训报告

姓名:____________ 班级:____________ 内容:______________ 日期:_____________

实训目的	
实训材料	
实训步骤	
结果分析	
学习体会	
教师评价	教师签字: 年 月 日

表 4-1　牛体尺测量记录表

序号	牛号	性别	品种	体高/cm	十字部高/cm	尻高/cm	体斜长/cm	体直长/cm	胸围/cm	腹围/cm	腿围/cm	胸宽/cm	坐骨宽/cm	胸深/cm	腰角宽/cm	尻长/cm	管围/cm	体重/kg	备注

实训评价

实训评价表

评价项目	分值	扣分依据	自评分值	小组评分	教师评分	掌握程度
理论要点	10 分	描述错误不给分				基本 / 熟练
准备工作	10 分	错误不给分				基本 / 熟练
实践操作	40 分	错误 1 处扣 5 分				基本 / 熟练
操作描述	20 分	描述错误 1 处扣 5 分				基本 / 熟练
项目总评	10 分	错误不给分				基本 / 熟练
整理数据	10 分	错误不给分				基本 / 熟练
总计	100 分					

牛的齿龄鉴定（2学时） 实训五

任务描述

通过牙齿判断奶牛、肉牛、黄牛、牦牛等的年龄。

实训目的

掌握年龄鉴定的基本方法和要领，能够按照牛的切齿变化规律鉴定出牛的年龄，为选择品种牛打好基础。

实训要求

根据牙齿鉴定牛的年龄时，要多观察，反复比较；要区别乳齿与永久齿，掌握牙齿的发生、脱换和磨损规律。

实训准备

（1）成年母牛若干头、测杖、圆形触测器、皮卷尺、鉴定表格等。

（2）不同年龄的牛若干头、牛齿标本、牛齿模型、牛齿挂图、鼻牛钳、牛齿变化简表等。

实训筹划

（1）复习牛体尺测量的内容。

（2）准备好测量工具、做好测量牛的准备工作。

（3）用三种工具逐一鉴定，鉴定过程要严谨、认真。

（4）分小组讨论，反复操作并对操作过程详细描述。

（5）学生在操作过程中教师须做全程评价，操作完成后学生须对实习过程进行小结。

（6）撰写实训报告。

实训步骤

步骤一 做好鉴定前准备

1. 鉴定前的调查

鉴定前须对牛的品种、年龄、胎次、产犊日期、泌乳天数、妊娠日期、产奶量及饲养管理等情况做到尽可能的了解。

2. 鉴定内容

牛的牙齿分为乳齿和永久齿（恒齿）。乳齿只出现在幼龄时期，到一定年龄后乳齿脱落，换生永久齿。位于下颚中央的四对牙齿称为切齿（中间第 1 对称为门齿，两侧的第 2 对称为内中间齿，第 3 对为外中间齿，第 4 对为隅齿），上颚无切齿；切齿两侧各有 3 对前臼齿，最后有 3 对后臼齿；牛无犬齿。

注意事项

牛的牙齿发生、更换和磨损只是一般性规律，由于受饲料种类、牙齿质地和品种不同等因素的影响，其变化也有所不同，故在年龄鉴别时必须同时考虑这些因素。

3. 鉴定标准

乳齿与永久齿的区别：乳齿小、色洁白，有明显的齿颈，齿间空隙大；永久齿大，色淡黄，齿间一般无空隙。

牛齿变化一般规律见表 5-1。

表 5-1 牛齿变化简表

年龄	门齿	内中间齿	外中间齿	隅齿
出生	乳齿已生	乳齿已生	乳齿已生	—
2 周龄	—	—	—	乳齿已生
6 月龄	磨灭	磨	磨	微磨
1 岁	重磨	重重磨	较重磨	磨
1.5 ～ 2 岁	更换	—	—	—
2 ～ 3 岁	—	更换	—	—
3 ～ 3.5 岁	轻磨	—	更换	—
4 ～ 4.5 岁	磨	轻磨	—	更换
5 岁	重磨	磨	轻磨	—
6 岁	横椭圆	重磨	磨	轻磨
6.5 岁	横椭（大）	横椭圆	重磨	磨
7 岁	近方	横椭圆（大）	横椭圆	重磨

（续表）

年龄	门齿	内中间齿	外中间齿	隅齿
8 岁	方	近方	横椭圆（大）	横椭圆（大）
9 岁	方	方	近方	横椭圆（大）
10 岁	圆	近圆	方	近方
11 岁	三角	圆	方	方
12 岁	近椭圆	三角	圆	圆

步骤二 齿龄鉴别操作

（1）不同年龄的牛在体形和外貌特征上有明显的差异，此方法只能判断出牛的老幼，而无法确定其确切的年龄，表 5-2 可作为鉴定年龄时的参考。

表 5-2　幼年牛、壮年牛、老年牛的区别

项目	幼年牛	壮年牛	老年牛
头面部	头短而宽，嘴细，脸部干净	头大、嘴丰厚	嘴粗糙，面部多皱纹
眼部	眼睛活泼有神，眼皮较薄，反应敏锐	眼睛明亮饱满，反应灵敏	眼盂下陷，目光无神，黑色牛眼角周围开始出现白毛，进而颈部、躯干部也出现白毛
体形	体躯较短、浅而窄，四肢、后躯相对较高	膘肥体壮，体躯长、宽、深	比较清瘦，体躯宽深
被毛皮肤	被毛光润、细软，皮肤富有弹性	皮肤柔软而富于弹性，被毛柔软而有光泽	被毛粗硬、干燥无光泽、毛色变浅，绒毛较少，皮肤粗硬无弹性
牛角	质地粗糙	质地较光滑	质地光亮，有角轮
行动	反应敏捷	精力充沛，举动活泼	行动迟缓

（2）鉴别年龄时，鉴定人员站立于被鉴定牛的头部左侧附近，徒手或用鼻钳捉住牛鼻，顺势抬举头，呈水平状态。随后，以右手插入牛的左侧口角，通过无齿区将牛舌抓住，顺势一扭，用拇指尖顶住牛的上颚，其余四指握住牛舌，并拉出左口角外，然后根据下颚切齿的发生、脱换和磨损情况，判断牛的年龄。

步骤三 撰写实训报告

要求：将牛的齿龄鉴定结果做好记录并完成实训报告。

牛的齿龄鉴定实训报告

姓名:____________ 班级:____________ 内容:______________ 日期:____________

实训目的	
实训材料	
实训步骤	
结果分析	
学习体会	
教师评价	教师签字: 年　　月　　日

实训评价

实训评价表

评价项目	分值	扣分依据	自评分值	小组评分	教师评分	掌握程度
理论要点	10 分	描述错误不给分				基本 / 熟练
准备工作	10 分	错误不给分				基本 / 熟练
实践操作	40 分	错误 1 处扣 5 分				基本 / 熟练
操作描述	20 分	描述错误 1 处扣 5 分				基本 / 熟练
项目总评	10 分	错误不给分				基本 / 熟练
整理数据	10 分	错误不给分				基本 / 熟练
总计	100 分					

实训六 牛体重估测及体尺指数（2学时）

任务描述

通过体尺数据估算出奶牛的活重，并通过体尺指数分析奶牛个体情况。

实训目的

（1）通过体长、胸围和估测系数估算出奶牛的活重。

（2）掌握估测系数的推算方法。

（3）掌握体尺指数并进行计算分析。

实训要求

（1）按要求熟记估测系数的计算公式。

（2）计算时注意单位并写出计算过程。

（3）学生能够严格按照计算步骤规范地整理数据，独立完成实训报告。

实训准备

成年母牛若干头、测杖、皮卷尺、表格、计算器等。

实训筹划

（1）掌握体重估测、体尺指数相关概念并熟记计算公式。

（2）进行体尺测量并将测量数值进行整理，按要求计算。

（3）严谨、认真地计算出体重估测值和体尺指数。

（4）分小组对计算方法、过程、结果进行讨论。

（5）在学生计算过程中教师须做全程评价，操作完成后学生须对计算结果进行小结。

（6）完成数据分析并撰写实训报告。

实训步骤

步骤一 体重估测

参照实训四中牛的体尺测量内容，完成胸围、体斜长项目的测量，依照下面的公式，将测量好的项目数据代入公式中计算并整理数据。

6 ～ 12 月龄乳用牛：体重（kg）=［胸围（m）］^{2}× 体斜长（m）×98.7

16 ～ 18 月龄乳用牛：体重（kg）=［胸围（m）］^{2}× 体斜长（m）×87.5

初产至成年乳用牛：体重（kg）=［胸围（m）］^{2}× 体斜长（m）×90

估测系数=体重（kg）/［胸围（m）］^{2}/体斜长（m）

步骤二 计算体尺指数

牛的体尺指数是一种体尺和另一体尺的比率，以此来分析家畜外形特征，也是衡量牛体各部位生长发育情况的重要指标，它通过一定的计算公式，将牛体的不同体尺测量值相互关联，以评估牛的整体发育状况。参照实训四牛的体尺测量内容，完成体高、胸深、胸围、胸宽、管围、臀宽、腰角宽、额宽、头长项目的测量，依照下面公式，将测量好的项目数据代入公式中计算并整理数据。

1. 肢长指数

表示四肢发育相对程度，利用它可以区别家畜体形。例如乳用牛的肢长指数一般较肉用牛大，还可以用来判断幼牛发育程度。肢长指数过小表示四肢发育受阻；肢长指数过大表明躯干发育不良。肢长指数随年龄增加而逐渐减小。

$$\text{肢长指数}=\frac{\text{体高}-\text{胸深}}{\text{体高}}\times 100\%$$

2. 体长指数

表示体长和体高的相对发育程度。肉用牛的体长指数一般大于乳用牛。如胚胎期发育不全，由于体高较小，而体长指数高于品种的平均数。如果生后发育受阻，则此体长指数低于平均数。体长指数随年龄增加而逐渐增大。

$$\text{体长指数}=\frac{\text{体长}}{\text{体高}}\times 100\%$$

3. 体躯指数

表示体躯的发育程度。肉用牛的体躯指数一般大于乳用牛。体躯体躯指数随年龄增加变化不显著。

$$\text{体躯指数}=\frac{\text{胸围}}{\text{体长}}\times 100\%$$

4. 骨指数

表示体躯骨骼的相对发育程度。肉用牛的骨指数较小，乳用牛稍大，役用牛最大。骨指数随年龄增加而增大。

$$骨指数=\frac{管围}{体高}\times100\%$$

5. 胸宽指数

表示胸部的发育程度。肉用牛和役用牛的胸宽指数大于乳用牛。早熟品种大于晚熟品种，疾病对胸宽指数值影响较大。随年龄增加变化不显著。

$$胸宽指数=\frac{胸宽}{胸深}\times100\%$$

6. 产肉指数

表示肌肉和骨骼的相对发育程度；可作为产肉指标。

$$产肉指数=\frac{腿围}{体高}\times100\%$$

7. 胸围指数

胸围指数是胸围和体高的比，表示胸部的相对发育程度。

$$胸围指数=\frac{胸围}{体高}\times100\%$$

8. 髋胸指数

髋胸指数是胸宽和腰角宽的比，表示胸部的相对发育程度。

$$髋胸指数=\frac{胸宽}{腰角宽}\times100\%$$

9. 臀宽指数

臀宽指数是臀宽和腰角宽的比，表示后躯发育情况。

$$臀宽指数=\frac{臀宽}{腰角宽}\times100\%$$

10. 额宽指数

额宽指数是额最大额宽和头长的比，表示头部宽度的相对发育情况，额宽指数表示头与体躯的相对发育程度。

$$额宽指数=\frac{额大宽}{头长}\times100\%$$

11. 尻高指数

尻高指数是尻高和体高的比，表示前后躯高度的相对发育情况。

$$尻高指数=\frac{尻高}{体高}\times100\%$$

步骤三 撰写实训报告

要求：计算所选牛的体形指数，并将年龄鉴定结果一并填入表 6-1 中，完成实训报告。

牛体重估测及体尺指数实训报告

姓名：＿＿＿＿＿＿ 班级：＿＿＿＿＿＿ 内容：＿＿＿＿＿＿ 日期：＿＿＿＿＿＿

实训目的	
实训材料	
实训步骤	
结果分析	
学习体会	
教师评价	教师签字： 年　　月　　日

表 6-1　牛体形指数记录表

牛号	性别	品种	年龄	体尺指数值 /%										
				体长指数	体躯指数	骨指数	胸围指数	髋胸指数	臀宽指数	产肉指数	肢长指数	尻高指数	胸宽指数	额宽指数

实训评价表

评价项目	分值	扣分依据	自评分值	小组评分	教师评分	掌握程度
理论要点	10 分	描述错误不给分				基本 / 熟练
准备工作	10 分	错误不给分				基本 / 熟练
计算公式	40 分	错误 1 处扣 5 分				基本 / 熟练
结果描述	20 分	描述错误 1 处扣 5 分				基本 / 熟练
项目总评	10 分	描述错误不给分				基本 / 熟练
整理数据	10 分	描述错误不给分				基本 / 熟练
总计	100 分					

实训七 奶牛产奶性能的测定与计算（2学时）

任务描述

（1）准确测定各月的实际产奶量。

（2）了解奶牛产奶性能的指标与评定方法。

（3）掌握产奶量的测定方法与计算公式。

实训目的

能够准确测定与计算奶牛的产奶性能。

实训要求

（1）熟记计算公式。

（2）计算时注意单位并写出计算过程。

（3）学生能够严格按照计算步骤规范地整理数据，独立完成实训报告。

实训准备

产奶记录、计算器等。

实训筹划

（1）掌握奶牛产奶性能测定的相关概念并熟记计算公式。

（2）对生产记录进行整理，并按要求计算。

（3）严谨、认真地计算出个体产奶量、群体平均产奶量、4%标准乳、前乳房指数、产奶指数、平均乳脂率。

（4）分小组对计算方法、过程、结果进行讨论。

（5）在学生计算过程中教师须做全程评价，操作完成后学生须对计算结果进行小结。

（6）完成计算题并撰写实训报告。

实训步骤

步骤一 做好实训前准备

每头奶牛泌乳期的产奶量是其产奶量计算的基础，最精确的方法是将每头牛每次的产奶量分别称重和记录，到泌乳期结束时累计相加。简便的方法是中国奶业协会建议的，用每月测定3 d的日产量估计全月产奶量，即每月记录3次，每次相隔8～11 d，将每次的日产奶量乘以所间隔天数后再相加，可得出每月和全泌乳期的产奶量。

步骤二 计算相关数据

1. 全泌乳月产奶量

$$全泌乳月产奶量(kg)=(M1\times D1)+(M2\times D2)+(M3\times D3)$$

式中：M1、M2、M3——月内各测定日的全天产奶量；

D1、D2、D3——当次测定日与上次测定日间隔天数。

2. 305 d产奶量

305 d产奶量是指自产犊后第1天开始到第305天为止的产奶量。不足305 d者，按实际产奶量计算，并注明产奶天数；超过305 d者，超出部分不计算在内。

3. 校正305 d产奶量

有些泌乳期达不到305 d，或超过305 d又无日产量记录可以核查的，为了方便比较，可将记录的实际产奶量乘以相对系数。

4. 校正为305 d的近似产量

中国奶业协会制定了统一的校正系数表，表中天数采用“5舍6进法”，即产奶265 d采用260 d校正系数，产奶266 d采用270 d校正系数。

5. 4%标准乳

$$4\%标准乳\ FCM=M\times(0.4+15F)$$

式中：FCM——乳脂率为4%的标准乳量（kg）；

M——乳脂率为F的乳量（kg）；

F——实际乳脂率。

6. 平均乳脂率

$$平均乳脂率=\frac{\sum(F\times M)}{\sum M}\times 100\%$$

式中：F——每次测定的乳脂率；

M——该取样期内的产奶量。

7. 简化乳脂率测定法

由于乳脂率测定工作量大，为简化手续，可以用3次测定法计算其平均乳脂率，即在全泌乳期的第2、第5、第8泌乳月内各测1次，然后用上述公式计算出平均乳脂率。

步骤三 撰写实训报告

要求：写出详细计算过程。

奶牛产奶性能的测定与计算实训报告

姓名:____________ 班级:____________ 内容:______________ 日期:_____________

实训目的	
实训材料	
实训步骤	
结果分析	
学习体会	
教师评价	教师签字: 年　　月　　日

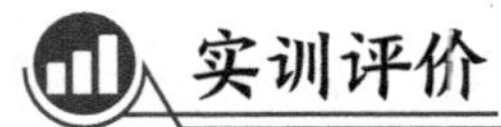

实训评价表

评价项目	分值	扣分依据	自评分值	小组评分	教师评分	掌握程度
理论要点	10 分	描述错误不给分				基本 / 熟练
准备工作	10 分	错误不给分				基本 / 熟练
计算公式	40 分	错误 1 处扣 5 分				基本 / 熟练
结果描述	20 分	描述错误 1 处扣 5 分				基本 / 熟练
项目总评	10 分	描述错误不给分				基本 / 熟练
整理数据	10 分	描述错误不给分				基本 / 熟练
总计	100 分					

奶牛手工挤奶实训训练（2学时）

实训八

任务描述

通过训练使学生熟练掌握奶牛手工挤奶的方法。

实训目的

（1）掌握奶牛手工挤奶的方法。

（2）掌握人工挤奶法中的压榨法和滑榨法。

（3）将人工挤奶法和机械挤奶法作对比，掌握其优缺点。

（4）学生严格按照实训步骤规范、安全地完成实训操作，认真撰写实训报告。

实训要求

（1）人工挤奶时要做好奶牛的保定工作，一般将其后肢从飞节处绑定。

（2）人工挤奶时一般在奶牛左侧操作。

（3）手工挤奶方法要根据奶牛乳房情况合理选择。

（4）挤奶时注意牛乳的品质。

（5）严格按照实训内容完成挤奶操作，独立完成实训报告。

实训准备

泌乳母牛若干头、保定绳、奶桶、毛巾、水桶、温水、药浴液、纸巾、一次性塑料手套、滤布、小板凳等。

实训筹划

（1）复习人工挤奶法和机械挤奶法。

（2）做好奶牛挤奶前的准备工作。

（3）严格按照操作方法进行，过程中要严谨、认真地完成操作，注意动物和自身安全。

（4）分小组讨论，反复操作并将操作过程详细描述。

（5）在学生操作过程中教师须做全程评价，操作完成后学生须对实习过程进行小结。

（6）撰写实训报告。

实训步骤

步骤一 做好实训前准备

1. 理论准备

（1）原理。不管是手工挤奶还是机器挤奶，其原理都是利用奶牛的排乳反射，模拟犊牛吮奶的动作将牛奶从奶牛乳房中榨出。因此，挤奶就是利用奶牛的排乳反射，在适当的刺激和挤奶条件下（真空度和脉动频率），按照手工方法或机器挤奶操作规程将牛奶从奶牛乳房中取出的作业过程。

（2）手工挤奶方法。手工挤奶一般采用拳握式，又称为压榨法，即用拇指和食指紧压乳头基部，其余各指依次捏挤乳头，形如握拳。乳头过小的奶牛允许用滑动法，即乳头在拇指和食指间滑动。

（3）奶牛泌乳和排乳的生理知识。奶牛泌乳是指成年健康奶牛在分娩后在体内催乳激素和其他激素相互作用下维持的一种持续的乳腺分泌活动。在生殖系统与内分泌系统的调节下，乳腺上皮细胞与乳腺血管发生物质交换，经过选择性吸收、分解与重新合成，将从血液获得的游离氨基酸、白蛋白、葡萄糖、乙酸等物质在乳腺上皮细胞内转变为乳蛋白（主要为酪蛋白）、乳糖和乳脂肪等，并分泌到乳腺泡腔，再经由乳腺导管系统逐渐汇集到乳腺乳池保存。泌乳过程受乳腺泡和乳腺乳池的充盈程度或压力感受器调控。奶牛排乳是指泌乳母牛在受到犊牛哞叫、挤奶员呼唤和挤奶器具声响等外界因素刺激时，开始大量分泌催产素，导致乳腺导管和乳头肌肉松弛处于排乳状态，然后在犊牛嘴巴、挤奶员双手或挤奶机杯组有规律地吸吮、按摩和挤奶动作作用下，乳汁经由乳腺乳池和乳头管排出体外的过程。

2. 工作准备

（1）学生要像挤奶员一样，按要求穿好工作服，剪短指甲，洗净双手，戴好防护手套。

（2）挤奶器具和用品准备。刷洗好挤奶桶，准备好消毒毛巾或纸巾，配制好乳头药浴液。

（3）奶牛准备。选择温顺的经产奶牛。

注意事项

（1）要将奶牛保定好（保定栏或颈枷），防止奶牛头部向后弯曲用犄角顶人。

（2）要时刻用右胳膊抵挡奶牛后肢，防止奶牛后肢向前踢动伤人或将奶桶踢翻。

（3）手工挤奶时，要固定在牛的左侧挤奶，否则容易使奶牛产生混淆的条件反射，降低挤奶的安全性。

（4）手工挤奶时，一般先挤前乳房，再挤后乳房，最后再集中收奶。

1. 检查

待奶牛站定后，迅速将每个乳头的前三把乳汁挤入专用的乳汁检查杯中，检查是否有絮状凝块或血乳，以判断奶牛是否患有临床或隐性乳腺炎。如果有，应交由兽医诊断治疗，乳汁则弃用；如果正常则迅速进入下一环节。

2. 清洗按摩

用 40 ～ 45 ℃热水将毛巾蘸湿，先洗乳头，再洗乳房底部、右侧乳区、左侧乳区，一开始用带水多的湿毛巾擦洗，后拧干再自上而下地擦干整个乳房，按摩时间为 20 s（4 只乳头 ×5 s），以保证挤奶前有足够的良性刺激，加速血液循环，从而促使乳汁分泌与排放。用新配制的乳头药浴液（含有效碘浓度不低于 0.5%）浸泡乳头，浸泡深度至少达到乳头 2/3，保持 30 ～ 40 s。药浴后，用消过毒的干毛巾或消毒纸巾将乳头擦干，迅速开始挤奶。从开始清洗到开始挤奶最好不要超过 90 s。

3. 挤奶

手工挤奶时，挤奶员应蹲坐于奶牛左侧后方 1/3 处，面向乳房，精神集中，两腿夹桶，两臂开张，两手握住同侧乳头，交替挤奶；两手有节奏地一紧一松连续进行，要求用力均匀，动作熟练。采用拳握法挤奶的具体操作是用大拇指和食指紧扣乳头基部，用中指、无名指和小指依次压榨乳头，将乳汁挤出。挤奶节奏是先慢再快，最后挤净，用药浴液浸泡乳头，浸泡深度至少达到乳头 2/3，时间不低于 30 s。开始挤奶和临挤奶结束前，速度可稍缓慢，要求一次性挤完；每分钟握拳频率 80 ～ 120 次，整个挤奶过程不宜超过 7 min。

步骤三 撰写实训报告

要求：对操作内容、过程、方法进行详细描述，将结果记录后完成实训报告。

奶牛手工挤奶训练实训报告

姓名：__________ 班级：__________ 内容：__________ 日期：__________

实训目的	
实训材料	
实训步骤	
结果分析	
学习体会	
教师评价	教师签字： 年　　月　　日

实训评价

实训评价表

评价项目	分值	扣分依据	自评分值	小组评分	教师评分	掌握程度
理论要点	20 分	描述错误不给分				基本 / 熟练
准备工作	20 分	错误不给分				基本 / 熟练
挤奶操作	40 分	错误 1 处扣 5 分				基本 / 熟练
收尾工作	20 分	错误 1 处扣 5 分				基本 / 熟练
总计	100 分					

实训九 奶牛机器挤奶实训训练（4学时）

任务描述

通过训练使学生熟练掌握机器挤奶的方法及整个挤奶程序。

实训目的

（1）复习和掌握奶牛泌乳和排乳的生理知识，将人工挤奶法和机械挤奶法进行对比，掌握其优缺点。

（2）要求学生了解和掌握挤奶机的种类和使用方法。

（3）要求学生了解和掌握机器挤奶的操作规程。

（4）要求学生了解和掌握奶牛的乳房护理要求。

实训要求

（1）掌握机械挤奶法的操作流程。

（2）了解挤奶机器的构造和工作原理。

（3）学生按照实习指导教师或牛场技术员安排，有序观摩，实地进行挤奶操作。

（4）挤奶时注意观察，有突发情况应及时处理。

（5）严格按照实训内容完成挤奶过程，独立完成实训报告。

实训准备

泌乳母牛若干头、奶牛挤奶成套设备（实验奶牛场或规模化奶牛养殖场均有配套安装，包括奶牛识别门、挤奶台、挤奶坑道、挤奶设备、自动流量计、清洗设备、贮奶罐、计算机），以及消毒毛巾或纸巾、乳汁检查杯、乳头药浴液、自来水等。

实训筹划

（1）复习人工挤奶法和机械挤奶法。

（2）做好奶牛的准备、挤奶器械的检查工作。

（3）严格按照操作方法进行，要严谨、认真地完成操作过程，注意动物和自身安全。

（4）分小组讨论，反复操作并将操作过程详细描述。

（5）在学生操作过程中教师须做全程评价，操作完成后学生须对实习过程进行小结。

（6）撰写实训报告。

实训步骤

步骤一 做好实训前准备

1. 理论准备

（1）挤奶机器种类。目前，我国奶牛养殖业采用的挤奶设备种类繁多，包括提桶式、推车式、管道式、坑道式、转盘式挤奶机和挤奶机器人。提桶式和推车式常用于小规模的奶牛养殖户；管道式常用于传统的拴系式饲养条件下；现代家庭牧场和大规模奶牛养殖（牧业）公司以坑道鱼骨式和坑道并列式挤奶台为主；特大规模奶牛场多采用转盘式挤奶台；此外，机器人挤奶机也在小部分牛场应用。

①提桶式挤奶机配合管道式或坑道式挤奶系统使用，主要用于奶牛患有乳腺炎等疾病需要单独挤奶时，或者为了科学实验需要进行单头采集奶样的情况时。推车式挤奶机由真空泵、脉动器、奶杯组、奶桶和推车系统构成，可以移动作业，适合个体奶牛户使用。

②坑道鱼骨式和坑道并列式挤奶机，均是完整的挤奶系统，由挤奶坑道、挤奶台、挤奶设备机组和信息化识别门等部分组成，主要在现代化大、中型规模的牧场使用。

③转盘式挤奶系统。现代化超大规模奶牛场为了节约劳动力成本，提高生产效率，常采用转盘式挤奶系统。它是由奶牛信息识别通道、转盘式挤奶台、挤奶设备机组和挤奶员操作平台组成。

（2）挤奶机的工作原理是模仿犊牛吃奶的动作和条件。挤奶作业由真空泵和脉动器协同完成，在脉动器作用下，由一个挤奶节拍和一个休息节拍组成一次挤奶动作。挤奶杯由内外双层橡胶套管组成。在挤奶节拍时，真空泵经气管将奶杯双层套管内空气抽出，乳杯口收紧，套管内和乳杯内形成约半个大气压的真空（46.7 ～ 50.7 kPa），通过真空负压形成一定吸力使乳头孔开张，从而将贮存于乳头孔内的乳汁挤出；在休息节拍时，脉动器换挡，空气进入奶杯双层套管内，套管内形成正压，乳杯口放松，乳杯下部封闭，处于休息状态。通过脉动器的设定，将每分钟挤奶节拍设定为 60 ～ 80 次，使奶牛在 4 ～ 7 min 内将乳汁全部挤出。

2. 奶牛乳房护理

只有健康的奶牛才能生产出优质的牛奶。奶牛的健康受到严格的遗传选择、饲料的安全品控、合理的饲养管理、正确的挤奶操作和环境卫生整治等多个环节的影响。同时奶牛乳房的护理也是一个极为重要的方面，并与以上环节息息相关，实践中应从多方面加以保护。

（1）遗传因素。良好的乳房结构有利于乳房的健康护理。对易患乳腺炎的奶牛，

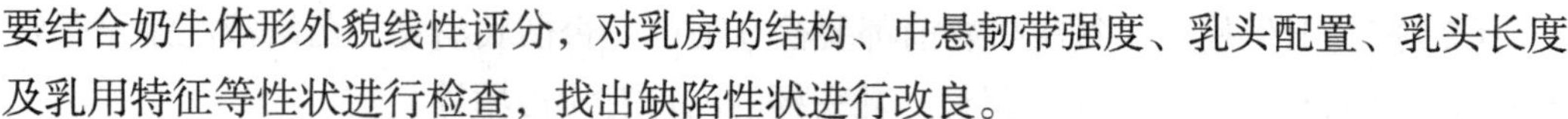

要结合奶牛体形外貌线性评分，对乳房的结构、中悬韧带强度、乳头配置、乳头长度及乳用特征等性状进行检查，找出缺陷性状进行改良。

（2）饲料营养。营养平衡和饲料卫生是预防奶牛乳腺炎的有效途径之一。应实行标准化养殖，对奶牛实行分阶段、分群饲养，根据不同牛群产奶水平，按照奶牛营养需要配制全混日粮（Total Mixed Ration，TMR）。在配制TMR时，一定要按照其规范操作，并对每一种原料和配制后的成品进行严格的品控，最大限度地保证奶牛每天吃到的营养含量和电脑计算的日粮营养含量是一致的。保持能蛋（碳氮）平衡、氨基酸平衡、钙磷和微量元素平衡，可促进奶牛健康和高产，预防奶牛各种疾病的发生。

（3）牛群管理。牛群的合理分群、口蹄疫的及时有效防控、布鲁氏菌和结核的不断净化，均有利于对奶牛乳房的保护。

（4）环境卫生。加强对牛场尘埃，泥泞、潮湿、污秽的环境，砖石、瓦砾、铁丝、玻璃、针头的清理和治理，可防止乳头外伤和感染；提供干净、卫生的牛舍和柔软舒适的牛床，可防止细菌的大量繁殖，有利于奶牛乳房健康。在寒冷的冬季，要防止奶牛在雪地上躺卧过夜，以免乳房冻伤或皴裂。

（5）挤奶操作。保证挤奶设备的真空度和脉动频率稳定，严格有效的前、后药浴，充分的前处理，适时的脱杯等操作，均有利于保证乳房健康。

（6）隐性乳腺炎检测。定期利用CMT（California Mastitis Test，加州乳房炎测试）检测法对奶牛进行隐性乳腺炎检测，及时对患病奶牛进行严格治疗，这对奶牛乳腺炎预防有重要作用。

（7）干奶期治疗。对于即将干奶的奶牛，检查并彻底治愈其乳腺炎，严格按照干奶程序进行干奶期护理，是保证奶牛乳房健康的关键。

（8）产后护理。加强奶牛产后护理，促进胎衣、恶露的排出和阴道、子宫的恢复，有利于预防乳腺炎，保证乳房健康。

注意事项

（1）学生要进入挤奶厅接触奶牛，会给奶牛带来一定刺激，故最好分成小组。小组进入挤奶厅后要保持安静，尽量不要扰乱奶牛的排乳反射。

（2）学生要先了解挤奶设备的性能和构造，观摩挤奶人员的操作过程，熟悉后再进行实习操作。

（3）操作前注意个人卫生，以免给奶牛带来病菌。

（4）对于调查的内容，一定要向挤奶人员详细询问和虚心学习。

（5）每班挤奶操作结束，要及时清理挤奶厅卫生，定期做好环境消毒。

步骤二 进行实训操作

1. 检查

（1）挤奶设备工作参数检查。打开挤奶机，检查挤奶机工作参数，看真空泵压力是否合理并稳定在46.7 ～ 50.7 kPa中的某个固定值，脉动器参数是否合格（60 ～ 80次/min），信息识别器显示是否正常等。

（2）挤奶卫生检查。每次挤奶前都要检查毛巾是否彻底消毒，药浴液配制是否符合要求，乳头杯内衬是否光滑完整，乳头杯的内口有无污垢等。

2. 挤奶顺序安排

机械挤奶时，要安排头胎牛和健康奶牛先挤奶，从高产群、中产群到低产群依次进行，最后是患病奶牛。患病奶牛的牛奶要单独收集，不能混入贮奶罐，否则会影响原料奶质量。

3. 挤奶操作

给奶牛挤奶必须按照以下操作规程进行。

（1）挤掉头三把奶。将奶牛驱赶入挤奶厅锁定后，挤奶员应立即按顺序对每头奶牛进行挤奶前处理。挤奶员一只手持专用的奶汁检查杯，另一只手对奶牛的每个乳区挤出 3 把奶，一边挤一边检查并初步判断有无临床乳腺炎发生，如有明显类似豆腐脑状凝块或血乳，则当班不予挤奶，待其他牛挤奶完成后一同放出，另行处理。

（2）前药浴。用专用的药浴杯或喷枪对每个乳头进行药浴，药浴液应浸没整个乳头，至少要达到乳头 2/3。

（3）擦干。药浴 30 s后用消毒毛巾或纸巾擦干。毛巾要清洁卫生并严格消毒，一头奶牛一条毛巾，或使用符合要求的一次性消毒纸巾。毛巾和纸巾均不可交叉使用。

（4）套杯。擦干乳头后立即套杯并将乳杯及橡胶奶管摆正，开始挤奶。从第 1 步挤 3 把奶开始到套杯所用时间不得超过 90 s。在挤奶过程中，挤奶员应密切注意挤奶进程，发现异常情况应及时处理。

（5）调整挤奶杯组。挤奶过程中，由于奶牛走动、抬蹄等动作，使挤奶杯和输奶管位置发生移动或扭转，会影响挤奶过程的顺利完成。如发现此类情况，挤奶员要立即给予调整和纠正。

（6）脱杯。当牛奶流速低于每分钟 200 ～ 400 g时，挤奶杯会自动脱杯；对于没有自动脱杯功能的挤奶机，则应人工脱杯。挤奶结束后应及时脱杯，以免过度挤奶诱发乳腺炎。

（7）后药浴。脱杯后，再次用药浴液药浴乳头，然后放牛。

4. 清洗挤奶设备

清洗挤奶设备及管道的目的主要是去除残留在管道中的牛奶和细菌，防止残留的乳脂肪、乳蛋白和乳糖等腐败变质，保持管道经常处于干净卫生状态，保证每次挤奶操作的正常进行，延长挤奶机使用寿命。

具体要求是，当每个班次的最后一群（批）奶牛挤奶结束后，要及时对挤奶设备和管道进行清洗。目前，主要采用“两碱一酸”的清洗程序，即早、晚班挤奶后碱洗而中班挤奶后酸洗。各步骤要求如下。

（1）预冲洗。在碱洗、酸洗之前都要进行预冲洗，其要求为：先将奶杯组洗净再装入底座做不循环水冲洗，水温控制在 35 ～ 45 ℃（水温太低乳脂肪容易凝固附着管壁，而水温太高乳蛋白容易变性沉淀），用水量以冲洗后水变清为宜。

（2）碱洗。在 75 ～ 85 ℃的热水中加入适量碱性清洗液（pH值为 11）做循环清洗，时间为 8 ～ 15 min，循环清洗后水温不能低于 40 ℃。再用 35 ～ 45 ℃温水做不循环

冲洗，用水量以pH试纸检测显示中性为宜。

（3）酸洗。酸洗时，水温35～45 ℃，加入适量酸性清洗液（pH值为3）循环清洗，时间为5～8 min。再用35～45 ℃温水做不循环冲洗，用水量以pH试纸检测显示中性为宜。

5. 挤奶机维护

挤奶机维护包括经常检查和更换挤奶杯（挤奶杯橡胶垫应根据挤奶设备厂家建议，在挤奶5 000头次后及时更换）和橡胶管，定期检查真空泵压力和脉动器频率的稳定性（设备连接处应及时上油保护），及时检查信息识别装置和自动流量计的灵敏性、准确性等性能。

步骤三 撰写实训报告

要求：对操作内容、过程、方法、结果进行详细描述并记录。

奶牛机器挤奶训练实训报告

姓名：__________ 班级：__________ 内容：__________ 日期：__________

实训目的	
实训材料	
实训步骤	
结果分析	
学习体会	
教师评价	教师签字： 年　　月　　日

实训评价

实训评价表

评价项目	分值	扣分依据	自评分值	小组评分	教师评分	掌握程度
理论要点	20 分	描述错误不给分				基本 / 熟练
准备工作	20 分	错误不给分				基本 / 熟练
挤奶操作	40 分	错误 1 处扣 5 分				基本 / 熟练
收尾工作	20 分	错误 1 处扣 5 分				基本 / 熟练
总计	100 分					

奶牛干奶方法实训训练（1学时）

实训十

任务描述

通过实训使学生掌握奶牛干奶的方法。

实训目的

（1）掌握奶牛干奶期方案的制订方法。

（2）掌握奶牛干奶的方法及实施步骤。

（3）能够严格按照实训步骤规范、安全地完成实训，认真撰写实训报告。

实训要求

（1）将奶牛拴于牛床上，严格按照奶牛干奶期方案进行。

（2）根据初产牛、经产牛、患乳腺炎牛、高产牛、中低产牛等生产性能的不同制订合适的断奶方案。

（3）干奶时一定要将奶挤净、消毒后进行。

（4）给牛注入干奶药剂后短期内乳房会膨大，一般情况下会自行吸收，如果滴奶时间长、滴奶量多，则需要重新挤奶、重新干奶，这也预示着第1次干奶失败。

（5）学生能够严格按照实训步骤规范、安全地完成实训操作，认真撰写实训报告。

实训准备

泌乳牛若干头或待检乳汁、诊断盘、诊断液、胶头滴管。

实训筹划

（1）复习奶牛干奶期的方法及实施步骤。

（2）做好干奶牛及工具的准备工作。

（3）学生在教师讲解后按照步骤严格执行，实训过程中要严谨、认真地完成操作。

（4）分小组讨论，反复操作并对操作过程详细描述。

（5）在学生操作过程中教师须做全程评价，完成后学生须对实习过程进行小结。

（6）撰写实训报告。

实训步骤

步骤一 做好实训前准备

1. 干奶期的意义

母牛在产犊前 2 个月停奶，这段时间称为干奶期。母牛经过长时间的泌乳和胎儿的生长，体内消耗了大量营养物质。为使母牛恢复体力，积累一定的营养物质，以备产犊后产奶，同时也使胎儿更好地生长发育，需要有一段停止泌乳进行休整的时间。因此，适宜的干奶期结合科学的饲养管理，对母牛产后泌乳性能的发挥，犊牛的健壮成长，乃至防止产后泌乳量迅速下降均有重要的作用。

2. 干奶的时间

干奶期是母牛饲养管理过程中的一个重要环节。干奶方法、干奶期长短、干奶期饲养管理的好坏，对胎儿的正常生长发育、母牛的健康，以及下一个泌乳期的产奶性能都有着非常重要的影响。通常按奶牛的个体情况决定干奶期的长短，一般奶牛的干奶期为 60 d。低产、老龄、体弱的母牛，干奶期可延长至 70 ～ 75 d，高产、健壮的母牛可缩短到 45 ～ 50 d。

3. 干奶的方法及措施

采用何种干奶方法，是根据干奶前产奶量的多少确定的。

（1）自然干奶法。奶牛在预定干奶时日产奶量很低，仅有几千克，即可实行自然干奶。

（2）逐渐干奶法。在计划干奶日前 10 ～ 20 d 内逐渐减少精料和多汁料，限制饮水，延长运动时间，减少挤奶次数，停止按摩乳房，改变挤奶时间，使其在 10 ～ 20 d 内逐渐实现干奶。

（3）快速干奶法。快速干奶法是指在 4 ～ 6 d 内完成母牛停奶工作，采取的方法和措施是减少多汁料和精料，只喂干草；控制饮水，加强运动；减少挤奶次数，改变挤奶时间。经过 4 ～ 6 d 一般会使产奶量大幅度下降，如上述措施无效，则可辅之以药物停乳，如灌服炒麦芽或肌注黄体酮。不管采用哪种方法，最后一次挤奶时必须挤净，同时要注意乳房的变化，如果乳房发热、肿胀，就应恢复挤奶几天后再行干奶。

4. 干奶期的饲养

干奶期母牛的饲养多以每日产奶 10 kg 的产奶牛营养标准为基础配制日粮，日粮由干草、多汁料和精料组成，其中多汁料每 100 kg 体重不超过 3 kg，并注意补充钙、磷和食盐，按每 100 kg 体重补给 8 ～ 10 g。日粮每 10 d 调整一次。干奶后第一旬按日粮标准降低 10% ～ 15% 饲喂；第二旬按标准饲喂，经计算折合每 100 kg 体重每天应喂给 1.5 ～ 2 kg 干草、3 kg 多汁料（优质青贮可占一半）、0.5 kg 精料；第三、第四旬比标准提高 10% ～ 20%；第五旬再减少 5% ～ 10%；临产前按标准降低 30% ～ 40%，若乳房膨胀太厉害，则应从日粮中去掉多汁料和精料，只喂优质干草和麸皮，以降低乳腺活动。

干奶奶牛一般日喂 3 次、饮水 3 次，水温以 10 ～ 12 ℃为宜。若有条件，冬春可提供苜蓿草与胡萝卜等块根饲料，以补充维生素和矿物质。

5. 干奶牛的管理

干奶后的母牛在管理上，首先应注意观察其乳房的变化和母牛的表现，发现异常要及时查明原因，对症治疗；其次要加强卫生护理，注意圈舍卫生，每日要有适当的运动，直至分娩前 2 ～ 3 d停止运动；最后要做好保胎防流工作，不要随意驱赶牛，以防止碰撞后造成流产，不喂腐败变质与冰冻的饲料、不饮冰渣水，妊娠后期禁止饲喂酒糟、马铃薯、棉籽饼等，以防流产、难产或胎衣不下等疾病的发生。

步骤二 实训操作

(1)将干奶牛乳房擦净，认真按摩，彻底挤净乳房中的奶水。

(2)用酒精棉球对乳头端进行彻底的消毒清洁，尤其是乳头口处。

(3)把干奶药剂注入每个乳区，注射前注意不要让无菌药管触碰任何物体，以防沾染细菌；注射时只将药管的顶端伸入乳头；注射后不要按摩乳头，防止药剂分散。

(4)用 0.25% 碘伏药浴乳头。

步骤三 撰写实训报告

要求：对操作内容、方法、过程及结果进行详细描述并记录。

奶牛干奶方法训练实训报告

姓名:__________ 班级:__________ 内容:__________ 日期:__________

实训目的	
实训材料	
实训步骤	
结果分析	
学习体会	
教师评价	教师签字: 年　　月　　日

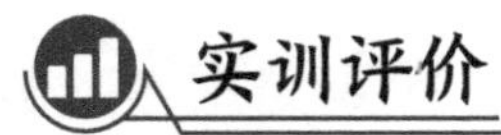

实训评价

实训评价表

评价项目	分值	扣分依据	自评分值	小组评分	教师评分	掌握程度
准备工作	25 分	乳房干净，按摩认真，挤奶彻底，错误不给分				基本 / 熟练
乳头消毒	25 分	消毒彻底，错误不给分				基本 / 熟练
注入干奶药剂	25 分	剂量合适，注入均匀，错误不给分				基本 / 熟练
收尾工作	25 分	药浴乳头，操作迅速，错误不给分				基本 / 熟练
总计	100 分					

实训十一 犊牛去副乳头实训训练（1学时）

任务描述

通过训练使学生熟练掌握采用结扎法和手术法去犊牛副乳头操作。

实训目的

（1）掌握去犊牛副乳头的意义。

（2）掌握去犊牛副乳头的方法。

（3）对手术法和结扎法进行对比，掌握其优缺点。

实训要求

（1）犊牛去副乳头时应注意手术的时间。

（2）手术时要做好场地的准备，须干燥、消毒后进行。

（3）犊牛去副乳头时一定要观察确定好再去除。

（4）学生能够严格按照实训步骤规范、安全地完成实训操作，认真撰写实训报告。

实训准备

15～30日龄犊牛若干头，剪刀、碘酊、酒精（棉）、缝合线等。

实训筹划

（1）复习手术法和结扎法。

（2）做好犊牛的准备工作。

（3）严格按照操作方法严谨、认真地完成操作，注意动物和自身安全。

（4）分小组讨论，反复操作并对操作过程详细描述。

（5）在学生操作过程中教师须做全程评价，操作完成学生须对将实习过程进行小结。

（6）撰写实训报告。

步骤一 结扎法操作

（1）犊牛选择。一般选在犊牛出生后 4 ～ 6 周进行操作较为合适。

（2）犊牛保定。将犊牛于四柱栏内站立保定或侧卧保定。

（3）清洁。犊牛副乳头周围的皮肤用温水洗净，然后用碘酊消毒，把副乳头洗净并涂上碘酊。

（4）去副乳头。用已经消毒的 12 号缝合线从副乳头的根部结扎，以后每隔 3 ～ 5 d 将结扎线紧扎一下，直到副乳头脱落为止，并涂抹少许碘酊。

步骤二 手术法操作

（1）犊牛选择。同样选择在犊牛出生后 4 ～ 6 周内进行操作。

（2）犊牛保定。将犊牛于四柱栏内站立保定或侧卧保定。

（3）清洁。犊牛副乳头周围的皮肤用温水洗净，然后用酒精消毒，把副乳头洗净并涂上碘酊。

（4）去除。使用剪刀直接将副乳头剪去，如副乳头较小，则将副乳头轻轻向下拉，然后在连接乳房处用消过毒的剪刀将其迅速剪下，在伤口处敷以消炎粉；如副乳头较大，用一把止血钳，则从副乳头的根部将其紧紧钳夹住，3 ～ 5 min后，用手术刀紧靠止血钳下面割去副乳头，用烧红的烙铁在副乳头处轻轻烙一下，或在取止血钳前应结扎 2 ～ 3 道，以防止血钳取下后出血。

（5）消毒。去掉副乳头后，可在副乳头处涂上碘酊或消炎软膏。若副乳头很大，则术后应注射破伤风抗毒素 8 000 IU、青霉素 80 万 IU×3 支、链霉素 100 万 IU×2 支等，每天 2 次，连用 3 d。

步骤三 撰写实训报告

要求：对操作内容、过程、方法、结果进行详细描述并记录。

犊牛去副乳头实训训练实训报告

姓名:____________ 班级:____________ 内容:______________ 日期:______________

实训目的	
实训材料	
实训步骤	
结果分析	
学习体会	
教师评价	教师签字: 年 月 日

实训评价

实训评价表

评价项目	分值	扣分依据	自评分值	小组评分	教师评分	掌握程度
犊牛选择	20 分	选择准确，错误不给分				基本 / 熟练
犊牛保定	20 分	操作熟练，错误不给分				基本 / 熟练
清洁	20 分	操作熟练，错误不给分				基本 / 熟练
去除	20 分	方法准确，操作熟练，错误不给分				基本 / 熟练
消毒	20 分	方法准确，错误不给分				基本 / 熟练
总计	100 分					

实训十二 牛的编号、打号训练（1学时）

任务描述

（1）了解现代奶牛散放饲养的方式、理念与牛的编号、打号的关系。

（2）了解牛的编号、打号原理。

实训目的

（1）了解打号器的构造和工作原理。

（2）了解不同的打号方法和操作要领。

（3）实训中，学生应按照实习指导教师或牛场技术员的安排有序观摩，进行实际操作。

实训要求

（1）实训中要对牛实施保定，操作时注意动物和自身安全。

（2）学生要先了解打号器的性能和构造，观摩技术人员或指导教师操作过程，熟悉后再进行操作。

（3）打号时注意方法的选择，重点掌握耳标打号法。

（4）学生能够严格按照实训步骤规范、安全地完成实训操作，认真撰写实训报告。

实训准备

若干头未打号的牛、塑料耳标、液氮罐、液态氮、专用打号器（与烙号的烙铁相似）、95%酒精、皮手套、毛剪、刷子、牛保定架等。

实训筹划

（1）对牛场不同品种、不同年龄段的牛进行编号。

（2）打号的实际操作或观察操作。

（3）严格按照操作方法严谨、认真地完成操作，注意动物和自身安全。

（4）分小组讨论，反复操作并将操作过程详细描述。

（5）在学生操作过程中教师须做全程评价，操作完成后学生须对实习过程进行小结。

（6）撰写实训报告。

实训步骤

步骤一 做好实训前准备

1. 实训的意义

给牛编号是为了简化饲养管理的过程而模拟人的名字设计的，打号是指利用物理方法（耳标、液氮冷冻法、烙号和剪耳）或利用物理结合化学方法（墨刺）把编号永久标记于牛体的操作。去角是指利用外科手术法断角或利用化学方法破坏角组织从而使其失去生长能力。二者都是以加强饲养管理为目的。

2. 基础知识

牛的编号是指人给牛编的一个代号，对牛起着标记名字或身份的作用，以便进行管理和育种等工作。最简单的编号方法是按牛的出生年度和年内出生顺序编号；出生顺序从每年 1 月 1 日开始，从 001（或 01，依据牛场规模而定）开始编排，在顺序编号前冠以年度号。

简单的编号一般为 4 位数或 6 位数，当编号为 4 位数时，只反映出生年度和年内出生顺序，如 0156 就是指 2001 年出生的、全场母牛编排顺序第 56 号；当编号为 6 位数时，可反映出生年度、出生月份和年内出生顺序，如 010856 就是指 2001 年 8 月出生的、全场母牛编排顺序第 56 号。

但在实际生产中，由于牛的出生地不同，同一牛场可能饲养的品种不同，出生牛的性别不同（奶牛场饲养母牛，肉牛场饲养公、母牛，种公牛站饲养公牛）等，还有近年来奶牛交易日趋频繁，因此为确保唯一性，中国奶业协会规定，中国荷斯坦奶牛采用的编号方法为：2 位（品种）+3 位（国家代码）+1 位（性别）+12 位（牛只）。

12 位牛只编号分为 4 部分：第 1 部分为全国各省份编号，由 2 位数码组成，见表 12-1；第 2 部分由 4 位数码组成，为省份内牛场编号；第 3 部分由 2 位数码组成，为出生年度的后 2 位数；第 4 部分由 4 位数码组成，为牛只年内出生的顺序号，不足 4 位数以 0 补齐。

表 12-1 全国各省份编号表

省份	编号	省份	编号	省份	编号	省份	编号	省份	编号	省份	编号	省份	编号	省份	编号
北京	11	上海	31	天津	12	重庆	55	河北	13	山西	14	内蒙古	15	辽宁	21
吉林	22	黑龙江	23	山东	37	安徽	34	江西	36	江苏	32	浙江	33	福建	35
湖北	42	河南	41	湖南	43	广东	44	广西	45	海南	46	四川	51	贵州	52
云南	53	陕西	61	甘肃	62	新疆	65	宁夏	64	青海	63	西藏	64	台湾	71

当同一牛场同时饲养公牛、母牛时，一般用单号表示公牛，用双号表示母牛；不

同品种的牛用下列代码表示，并把品种符号冠以编号前。当采用塑料耳标时，可用不同颜色的耳标简单区别不同品种。

不同品种的代码：HS——荷斯坦；JS——娟姗；XM——西门塔尔；XH——新疆褐牛；HF——海福特；AG——安格斯；XL——夏洛来；LM——利木赞；JD——兼用短角；RD——肉用短角；MH——墨累灰；KH——抗旱王；JH——金色阿奎丹；QC——秦川；JN——晋南；NY——南阳；LX——鲁西；YB——延边等。

如果把 18 位牛只编码都标识于牛体上显然是不可能的，所以中国奶业协会建议，最后 6 位数编码可以作为牛场内部管理编号，肉牛场可以参考奶牛的编号方法。

步骤二 实训操作

1. 耳标标记法

把牛的编号标记在牛身体上就是打号。打号的方法有很多种，常用的有耳标、墨刺、烙号、剪耳和冷冻打号等。不管哪种方法均要求操作简便、耐久、成本低和易于辨认。

耳标有许多种类和样式：金属耳标比较轻巧，把牛的编号用钢印打在金属耳标上，用耳号钳把它嵌在耳壳上提前打下的小孔上并固定；塑料耳标是把编号用不褪色的色笔写在塑料制作的耳标上，卡在牛耳壳上提前打的孔中悬挂，塑料耳标较大，比金属耳标易辨认，并可使用不同颜色塑料耳标表示不同内容，所以近年来使用比较广泛。耳标的优点是成本低，使用方便；缺点是不耐久，易脱落丢失，特别是金属耳环，距离稍远或牛头摇动时容易看不清。塑料耳标的打号步骤如下。

（1）保定。防止操作时牛顶撞。

（2）装耳标。在耳标钳的夹片下水平安装已编号的耳标阴牌（较大的一片），将阳牌（较小的一片）充分插入耳号钳的针上。

（3）消毒。把耳标钳连同耳标一起浸泡消毒。

（4）打耳标。一只手固定耳朵，另一只手执耳标钳，在无大血管的耳部中心用力一夹，使耳标阴牌下 1/3 露在耳朵外即可。

2. 墨刺打号法

用刺字钳把编号（用钢针排成的字形）钳刺在耳壳内再涂上墨，使碳素颗粒留在愈合的皮肤内，因而留下永久的印记。这种方法的优点是简单、成本低，刺好后的编号耐久性很好；缺点是耳壳小刺墨不方便，所以号码多时排不开。另外，刺后如果感染则容易导致失败，使数码分辨不清，如果不把牛抓住，就看不清标记。

3. 烙号法

（1）烙角号是指用烧热的铁号码把牛编号的一个个数字烙在角上。这种方法虽然成本低，但操作麻烦，牛较痛苦。而且字迹随牛的长大和角的磨损而逐渐模糊消失，或者牛在打架或碰撞时会使角的角质层脱落而失号，无角的牛也无法使用这种方法。

（2）烙号法。与给马匹烙号相同，把编号烙在牛的臀部或肩部，把皮肤烫坏结疤，痊愈后会留下不长毛的疤痕。此法成本低，烙成功后字码清楚，易辨认；缺点是操作麻烦，牛十分痛苦，因此打号时受牛拼命挣扎或温度过高等因素影响往往使号码笔画模糊、字迹不清，或影响皮革质量。另外，感染化脓等问题易造成创痕，导致字迹模糊，难以识别，常常会使烙号失败。

4.剪耳法

用剪耳钳把耳朵剪上一个豁口，不同位置的豁口代表不同的数字，不过一般多采用左耳大、右耳小，下缘大、上缘小的原则。例如，左耳上缘的1个缺口代表10，右耳与此相对应的缺口代表1；左耳下缘的1个缺口代表30，右耳与此相对应的缺口代表3；左耳尖端的缺口代表200，右耳与此相对应的缺口代表100；左耳中央的一个圆圈代表800，右耳与此相对应的圆圈代表400；等等。

剪耳方法的优点是简单，成本非常低，剪好后永久保存；缺点是可编数码仅能达到3位数，只能做最简单的编号，用于小型牛场，而且耳朵剪成许多豁口并不美观，要看牛号同样也不方便，但由于简单和成本很低，所以仍在应用。

注意事项

剪豁口时注意掌握豁口的大小和位置：不宜太大或太小，太小的愈合后不容易看清，太大的耳朵容易走形；还应避开大的血管，以减少出血。操作时，剪耳钳和耳朵均应注意消毒。最好在犊牛阶段剪耳，以减少操作的困难性。

5.冷冻打号法

利用超低温破坏牛皮肤中产生色素的色素细胞或造成毛囊冻伤，使其重新长出白毛或不长毛，使编号在牛身上清楚地显现出来，即使距离牛体较远也能看清楚。打号时，牛并不痛苦，所以易于取得清晰的字码。这是目前较好的打号方法，缺点是操作烦琐，需要的设备投资较多。以下是冷冻打号方法的具体操作步骤。

（1）器材。液氮罐、液态氮、专用打号器（与烙号的烙铁相似）、95%酒精、皮手套、毛剪、刷子、牛保定架等。

（2）方法。分为剪毛和不剪毛两种：剪毛法费工，但省物资（酒精和液氮损耗少），不剪毛法则省工。打号的部位最好是在平坦、肉多，打号时不易摆动的部位，如尻部和肥牛的肩后，而不应打在腰角、髋股关节、臀端和荐椎上。如果畜体的被毛是黑白、黄白等花色时，则应尽量避免在深浅被毛的界限处打号。

（3）把打号部位的被毛剪掉，用毛刷刷掉皮屑等污物，每打一个号码之前，应用酒精湿润拟打码的部位（用酒精作为冷却的介质）；即使是不剪毛法在打号前也必须把打号部位用毛刷刷掉污物、泥土等，同样要用酒精湿润打号部位。

（4）把打号器泡在液氮中降温，须待沸腾基本停止后使用。打号完毕，打号字迹部位会立即出现冻僵现象，发硬、凹进如烙印字号的形状一样。其症状如冻伤一样，皮肤变红肿。大约1周白色毛发脱落，变为光秃，黑色毛发则6周至4个月后长出明显的白色被毛。

（5）奶牛不剪毛打号时，压力为10 kg左右，持续时间15～20 s；剪毛打号时，其压力为5～7 kg，持续时间5～20 s，白毛的牛应增加15～20 s。肉牛因为皮肤稍厚，应比奶牛增加5 s。

步骤三 撰写实训报告

要求：对操作内容、过程、方法、结果进行详细描述并记录。

牛的编号、打号训练实训报告

姓名：__________ 班级：__________ 内容：__________ 日期：__________

实训目的	
实训材料	
实训步骤	
结果分析	
学习体会	
教师评价	教师签字： 年　　月　　日

实训评价

实训评价表

评价项目	分值	扣分依据	自评分值	小组评分	教师评分	掌握程度
耳标标记法	20 分	错误 1 处扣 5 分				基本 / 熟练
墨刺打号法	15 分	错误 1 处扣 5 分				基本 / 熟练
烙号法	15 分	错误 1 处扣 5 分				基本 / 熟练
剪耳法	15 分	错误 1 处扣 5 分				基本 / 熟练
冷冻打号法	15 分	错误 1 处扣 5 分				基本 / 熟练
整理数据	20 分	描述错误不给分				基本 / 熟练
总计	100 分					

犊牛去角实训训练（1学时）

实训十三

任务描述

通过训练使学生熟练掌握犊牛的物理去角和化学去角方法及操作流程。

实训目的

（1）了解犊牛去角的意义。

（2）掌握犊牛去角的两种方法。

（3）对物理法和化学法进行对比，掌握其优缺点。

实训要求

（1）给犊牛去角时要注意手术时间。

（2）手术时要做好场地的准备，要在干燥、消毒后进行。

（3）犊牛去角时如果采用物理法，则要注意力度，切勿烫伤皮肤；如果采用化学法，则要注意液体不要流入牛的眼睛。

（4）去角后的犊牛要隔离牛群饲养，防止其互相舔食。

（5）夏秋季节应加强消炎措施，防止牛角发炎、化脓。

（6）学生能够严格按照实训步骤规范、安全地完成实训操作，认真撰写实训报告。

实训准备

犊牛若干头、电烙铁、苛性碱、苛性碱棒、碘酊、剪毛剪等。

实训筹划

（1）复习物理法和化学法。

（2）做好犊牛的准备工作。

（3）严格按照操作方法严谨、认真地完成操作，注意动物和自身安全。

（4）分小组讨论，制订去角后护理方案。反复操作并对操作过程详细描述。

（5）在学生操作过程中教师须做全程评价，操作完成后学生须对实习过程进行小结。

（6）撰写实训报告。

实训步骤

步骤一 物理法实训

（1）犊牛选择。选择 15 ～ 35 日龄的犊牛，进行电烙去角。

（2）犊牛保定。将犊牛的右后肢和左前肢捆绑在一起保定；一人保定其后肢，两个人保定其头部。

（3）角部清洁。用水把角部周围的毛打湿，如角部较脏，则需要先清洗。

（4）去角。将通电加热后的电烙铁顶部放在犊牛角顶部 15 ～ 20 s或者烙至犊牛角四周的组织变为古铜色。最好选用枪式去角器，其顶端呈杯状，大小与犊牛角的底部一致。

（5）观察。去角处理后的 24 h 内要注意观察，发现异常应及时处理。

步骤二 化学法实训

（1）犊牛选择。选择出生后 2 日龄的犊牛，进行化学去角。

（2）犊牛保定。将犊牛的右后肢和左前肢捆绑在一起保定；一人保定其后肢，两个人保定其头部。

（3）角基处理。将犊牛角周围 3 cm处的毛剪掉，并用 5%碘酊消毒，周围涂以凡士林油剂。涂凡士林的目的是防止药品外溢流入眼中或烧伤周围皮肤。药剂要涂抹完全，防止角细胞没有遭到破坏，角会继续长出。操作者要戴好防护手套，防止氢氧化钠烧伤手。

（4）去角操作。可以选择使用氢氧化钠棒或去角膏，也可以自行配制去角剂，即氢氧化钠与淀粉按照 1.5 ∶ 1 的比例混匀后加入少许水调成糊状。用氢氧化钠棒在犊牛角的基部摩擦，直到出血才能破坏角的生长点。去角膏或自行配制的去角剂则要将其涂在角上约 2 cm厚。

（5）观察。化学法去角的犊牛应被隔离，以避免其相互舔舐造成其他犊牛的口腔、食道等部位被烧伤；化学法去角的犊牛，一定要防止雨水或者奶等液体淋湿牛体，特别是头部，以防止造成眼睛和面部损伤，去角处理后的 24 h 内要每小时观察 1 次，发现异常应及时处理。

步骤三 撰写实训报告

要求：对操作内容、过程、方法、结果进行详细描述并记录。

犊牛去角训练实训报告

姓名：＿＿＿＿＿＿ 班级：＿＿＿＿＿＿ 内容：＿＿＿＿＿＿ 日期：＿＿＿＿＿＿

实训目的	
实训材料	
实训步骤	
结果分析	
学习体会	
教师评价	教师签字： 年　　月　　日

实训评价

实训评价表

评价项目	分值	扣分依据	自评分值	小组评分	教师评分	掌握程度
犊牛选择	20分	选择准确，错误不得分				基本 / 熟练
犊牛保定	20分	方法准确，操作熟练，错误不得分				基本 / 熟练
角部清洁	20分	方法准确，操作熟练，错误不得分				基本 / 熟练
去角操作	20分	操作熟练，错误不得分				基本 / 熟练
观察	20分	判断准确，错误不得分				基本 / 熟练
总计	100分					

干奶牛营养体况评分（2学时）

实训十四

任务描述

通过训练使学生熟练掌握干奶牛营养体况评分方法。

实训目的

（1）掌握奶牛体况评分的主要部位，学会鉴定的基本方法和要领。

（2）能够对不同预产期的奶牛进行体况评分并鉴定其恢复情况。

实训要求

（1）将奶牛拴于牛床上进行，评定人员通过对奶牛评定部位的目测和触摸，结合整体印象对照标准给分。

（2）评分时，牛体应处于自然舒张状态，否则肌肉紧张会影响评定结果。

（3）观察牛体的大小，整体丰满的程度。

（4）从牛体后侧观察其尾根周围的凹陷情况，再从侧面观察其腰角和尻角的凹陷情况和脊柱、肋骨的丰满程度。

（5）触摸牛的尻角、腰角、脊柱、肋骨及尻部皮下脂肪的沉积情况。

（6）学生能够严格按照实训步骤规范、安全地完成实训操作，认真撰写实训报告。

实训准备

干奶牛若干头、评分标准、记录本、笔。

实训筹划

（1）复习干奶的方法、干奶的时间及干奶的体况评分要点。

（2）做好鉴定干奶牛的准备工作。

（3）按鉴定标准鉴定，通过一般外貌及主要部位，严谨、认真地完成评定操作。

（4）分小组讨论，反复操作并将操作过程详细描述。

（5）在学生操作过程中教师须做全程评价，操作完成后学生须对实习过程进行小结。

实训步骤

步骤一 做好鉴定前准备

1.调查内容

鉴定前对牛的品种、年龄、干奶方法、干奶时间、预产期等情况调查清楚。

2.评定部位

主要部位为肋骨、脊骨、腰椎、鬐甲、背、腰、尻等。

3.评定内容

用眼观、手摸的方法进行评分。研究人员设计了一个评分表，对牛体的8个部位依靠视觉进行评分。据介绍，评分员对奶牛两个最关键部位（腰角及臀角宽）评分的误差最小，在奶牛个体差异中所占比例最大。但是，由于受奶牛被毛长短、光泽及人的视差等因素的影响，仅凭眼观评分难免出现较大误差，因此还是要靠手摸和眼观相互配合，即用手触摸奶牛的腰背、短肋、十字部、尻部、尾根等部位，根据其脂肪储存变化情况及眼观情况，综合评估，确定分值。采用五部位综合评分法或以触摸短肋为主的评分方法比较简单实用，现介绍如下。

（1）五部位综合评分法，见表14-1。

表14-1 五部位综合评分表

分值	脊椎部	肋骨	臀部两侧	尾根两侧	髋骨、坐骨结节
1	非常突出	根根可见	严重下陷	陷窝很深	非常突出
2	明显突出	多数可见	明显下陷	陷窝明显	明显突出
3	稍显突出	少数可见	稍显下陷	陷窝稍显	稍显突出
4	平直	完全不见	平直	陷窝不显	不显突出
5	丰满	丰满	丰满	丰满	丰满

（2）触摸短肋为主的评分法具体内容如下。

1分：用手触摸奶牛短肋（腰椎肋横突），感觉其轮廓清晰，明显突出，呈锐角，短肋周围几乎没有脂肪覆盖，眼观其腰角骨、尾根和胸部肋骨突起明显。

2分：手摸可分清每一根短肋，但感觉其端部不如1分体况者那么尖锐，尾根周围有一些脂肪覆盖，腰角骨和肋骨不明显。

3分：只有用力下压时，才能触摸到短肋，尾根部两侧脂肪组织较多。

4分：用力下压也难以触摸到短肋，尾根周围覆盖的脂肪柔软略呈圆形，肋部可见更多的脂肪沉积，奶牛整体的脂肪量较多。

5分：眼观牛体的骨架结构和棱角不明显，躯体呈短粗的圆筒状，短肋、腰角骨和尾根均被脂肪包围，肋骨部和大腿部均明显有大量脂肪沉积，牛体因过度肥胖而影响正常运动。

在具体评分时可能会出现介于两个分级之间的情况，此时则可采用加减半分（0.5分）制，如2分和3分之间评为2.5分。但是，如果再细分至0.25分，则因在实际操作中困难较大，不同评分员之间很难取得一致意见，反而会造成许多麻烦，所以一般不采用。

体况评分应在奶牛不同的生理或泌乳阶段进行，一般为干奶期、分娩期、泌乳前期、泌乳中期、泌乳后期，具体评分时间最好安排在某一阶段的中期。高产奶牛则应该进行更多次的评分，可在干奶前期、围产前期、分娩期、围产后期，以及泌乳前、中、后期进行。

4. 鉴定目标

奶牛干奶的目的在于使身体和乳腺组织得到充分的修整和恢复，并保证胎儿正常的生长发育，其理想的体况是3.5分。干奶期过肥可能导致分娩时难产，泌乳早期采食量下降，产奶量低，并有可能加大肥胖综合征发生的风险，导致胎衣不下、真胃移位、酮病、产褥热等一系列疾病；干奶期过瘦，则会造成分娩乏力、瘫痪，产奶量和乳脂率低，不能适时受孕等问题。

成年母牛需要在每个生产年度的如下3个时期必须进行一次体况评分。

（1）秋季妊娠检查时或冬季饲养开始前评分一次，其理想分数为3.0分。

（2）产犊时评分一次，成年母牛的适宜分数应为3.5分，初产母牛为3.75分。

（3）配种开始前的30 d评分一次，此时以2.5分为宜。

奶牛体况及评分时间和理想评分，见表14-2、表14-3。

表14-2 奶牛体况评分参考表

评分	体脂肪含量/%	体况类型	评价方法
1.0	3.8	过瘦	观察肩胛骨、肋骨、脊骨、髋结节、尾根、坐骨端清晰可见，突出明显。这些部位几乎看不到脂肪沉积或组织附着，用手触摸每一根短肋骨（腰椎肋横突），感觉轮廓清晰，明显凸出，呈锐角，没有脂肪覆盖其周围
1.5	7.5	很瘦	观察体表几乎没有脂肪沉积，触摸短肋骨可感觉到突出，短肋骨间存在一定凹陷。触摸每一根短肋骨，和1分体况比较，开始有些脂肪覆盖
2.0	11.3	瘦	观察腰部、背部及胸肋有些脂肪存在，可触摸到脊椎骨，短肋骨间的空隙很明显。用手触摸，可分清每一根单独的短肋骨，但感觉其端部不如1分体况那样锐利，有一些脂肪覆盖于尾根周围，髋结节和肋骨不明显
2.5	15.1	中等	看不到胸骨，第12、第13肋骨肉眼可见，肋骨之间距离较宽，轻压能感觉到短肋骨圆滚，后腿部有些脂肪覆盖
3.0	18.9	适度	观察不到第12、第13肋骨，短肋骨之间看不到间隙，尾根部与身体平滑衔接，牛体不见突出棱角。只有当用力下压时，才能触摸到短肋骨，很容易触摸到尾根部两侧区域有一些脂肪覆盖
3.5	22.6	良好	观察肋骨完全被脂肪覆盖，难以区分，后腿部脂肪丰满充实，可见有脂肪覆盖于胸肋骨及尾根两侧，用力下压才能感觉到短肋骨

（续表）

评分	体脂肪含量/%	体况类型	评价方法
4.0	26.4	肥	无法观察分辨短肋骨间隙，尾根部有丰富的脂肪覆盖，触摸尾根周围覆盖的脂肪柔软、略呈圆形，尽管用力下压也难以触摸到短肋骨，可见有更多的脂肪覆盖于肋骨，牛的整体脂肪量较多
4.5	30.1	很肥	牛体呈现圆滚平滑状，体躯宽深，牛体的骨架结构不明显，触摸体表脂肪覆盖很厚。牛体因脂肪的积累而不能灵活运动
5.0	33.9	过肥	牛体的骨骼结构不可见，躯体呈短粗的圆筒状，尾根和髋结节几乎完全被埋在脂肪里，肋骨和大腿部明显沉积大量脂肪，短肋骨被脂肪包围，牛体因沉积大量过多的脂肪而影响运动

注意事项

（1）在操作过程中，牛的体况可能介于两个等级之间，上下为半分之差，如 2.5 分，表示被测牛的体况介于 2 分与 3 分之间。由于牛的被毛丰满时会从视觉上掩盖较差的体况，所以体况评分不仅要靠眼观，更主要的还是根据手的触觉，对动物体表某些特定部位的脂肪覆盖程度进行衡量。

（2）表 14-2 是以奶牛作为评价对象，其基本方法完全适用于肉用母牛和其他各类型牛的体况评分。

表 14-3　奶牛理想评分及生理阶段表

牛的类型	评分时间	理想的评分	变动范围
成年母牛	产犊期	3.5	3.25 ～ 3.75
	泌乳早期	3.0	2.75 ～ 3.25
	泌乳中期	2.75	2.5 ～ 3.0
	泌乳后期	3.25	3.0 ～ 3.5
	干乳期	3.5	3.25 ～ 3.75
后备母牛	6 月龄	3.0	2.75 ～ 3.25
	12 月龄（性成熟期）	3.25	3.0 ～ 3.5
	15 月龄（初配期）	3.5	3.25 ～ 3.75
	24 月龄（初产期）	3.5	3.25 ～ 3.75

步骤二　实训操作

（1）用拇指和食指掐捏牛的肋骨，检查肋骨皮下脂肪的沉积情况。过肥的奶牛不

易被掐住肋骨。

（2）用手掌在牛的肩、背、尻部移动按压，以检查其肥瘦程度。

（3）用手指和掌心掐捏腰椎横突，触摸腰角和尻角。如果肉脂丰厚，则检查时不易触摸到骨骼。评定时侧重于尾根、尻角、尻部及腰角等部位的脂肪（或肌肉）沉积情况，结合肋骨、脊柱及整体印象，达到准确、快速、科学评定的目的。

（4）分析总结。一般认为体况适中的奶牛比体况太大或太小的奶牛产奶量高。体况大的牛在整个泌乳期的产奶量较低，而且对产奶量的影响程度比低体况的牛更大。当体况在 3 ～ 4 分这个范围时，分娩后会增加体况，在 305 d的泌乳期中总产奶量能提高 422 kg。

对于体况评估低的奶牛，如果在分娩前增加 1 个单位，则会在泌乳的头 120 d里增加 545.5 kg的产奶量。另外，如果在这个基础上体况再增加 1 个单位，则会在泌乳的头 120 d里减少 300 kg的产奶量。体况在 3 分以下和 4 分以上的奶牛，泌乳 90 d以后产奶量下降速度较体况适中的奶牛快，所以只有合适的分娩体况才能获得最高的产奶量。因此，在正常饲养管理的条件下，体况小于 3 分和大于 3.75 分的牛一般不超过 5% ～ 10%，即过肥、过瘦牛的比例在 5% ～ 10%及以下，这样才可有效地提高经济效益。

步骤三 撰写实训报告

要求：如何正确理解干奶牛的体况评分与饲养管理之间的关系，将结论填入实训表中，并完成表 14-4 牛体况评分记录表内容。

干奶牛营养体况评分实训报告

姓名：__________ 班级：__________ 内容：__________ 日期：__________

实训目的	
实训材料	
实训步骤	
结果分析	
学习体会	
教师评价	教师签字： 年 月 日

表 14-4　×××年×××牛体况评分记录表

评分次数	评分时间	品种	类型	年龄	胎次	理想评分	实际评分	差数	分析
第 1 次									
第 2 次									
第 3 次									

实训评价

实训评价表

评价项目	分值	扣分依据	自评分值	小组评分	教师评分	掌握程度
鉴定前调查	10 分	操作错误不给分				基本 / 熟练
场所选择	5 分	操作错误不给分				基本 / 熟练
椎骨棘突和腰椎横突	15 分	操作错误不给分				基本 / 熟练
短肋骨	15 分	操作错误不给分				基本 / 熟练
髋结节	15 分	操作错误不给分				基本 / 熟练
坐骨结节	15 分	操作错误不给分				基本 / 熟练
尾根	15 分	操作错误不给分				基本 / 熟练
整理数据	10 分	描述错误不给分				基本 / 熟练
总计	100 分					

原料乳感官评定及常见掺假乳检测（2学时） 实训十五

任务描述

原料乳的感官评定、酸度测定、酒精试验、掺水乳试验。

实训目的

（1）通过牛乳颜色、气味、状态等的感官评定，判断牛奶品质。

（2）通过牛乳酸度测定判断牛奶品质。

（3）通过牛乳酒精试验判断牛奶品质。

（4）通过牛乳掺水乳试验判断牛奶品质。

实训要求

（1）在试验过程中应严格依据操作规范进行操作，并根据试验结果做出正确判断。

（2）学生能够严格按照计算步骤规范地整理数据，独立完成实训报告。

实训准备

原料乳，吸管，氢氯化钠溶液，中性酒精（68%、70%、72%），烧杯等。

实训筹划

（1）掌握原料乳中常见掺假乳的检测方法和主要原理。

（2）对原料乳进行感官测定。

（3）严谨、认真地按照酸度测定、酒精试验、掺水乳试验方法进行检测。

（4）分小组对计算方法、过程、结果进行讨论。

（5）在学生实训过程中教师须做全程评价，操作完成后学生须对计算结果进行小结。

（6）完成计算题并撰写实训报告。

实训步骤

步骤一 实训操作

1. 感官评定

对其色泽、气味、滋味、组织状态等进行评定。取少量乳样观察其颜色；取少量乳样加热后，闻其气味；取少量乳样用口品尝；将乳样倒于小烧杯内静置 1 h左右，再小心将其倒入另一小烧杯内，仔细观察第 1 小烧杯底部有无沉淀和絮状物，再取 1 滴乳样滴于大拇指上，检查其是否黏滑。

2. 滴定酸度的测定

取乳样 10 mL于 150 mL三角瓶中，再加入 20 mL蒸馏水和 0.5 mL 0.5%酚酞溶液，摇匀，用 0.1 mol/L氢氧化钠溶液滴定至微红色，并至 1 min内不消失为止，记录 0.1 mol/L氢氧化钠所消耗的体积（mL）。

3. 酒精试验

取试管 3 支，编号为 1、2、3 号，分别加入同一乳样 1 ～ 2 mL，1 号试管加入等量的 68%酒精，2 号试管加入等量的 70%酒精，3 号试管加入等量的 72%酒精，并分别摇匀。然后观察有无出现絮状物，以判定乳的酸度。

4. 掺水乳检测

将乳样充分搅拌均匀后小心沿量筒壁倒入筒内 2/3 处，防止因产生泡沫而影响读数，将乳稠计小心放入乳样中，使其沉入 1.030 刻度处，然后使其在乳样中自由游动，同时防止其与量筒壁接触。静置 2 ～ 3 min后，两眼与乳稠计同乳面接触处呈水平位置进行读数，读出弯月面上缘处的数字。

5. 掺碱乳的检验

取被检乳样 3 mL注入试管中，然后用滴管吸取 0.04%溴麝香酚蓝溶液，小心地沿试管壁滴加 5 滴，使两液面轻轻地互相接触，切勿使两溶液混合。将试管放置在试管架上，静置 2 min，根据接触面出现的色环特征进行判定，同时以正常乳做对照。

6. 掺淀粉乳的检验

取乳样 5 mL注入试管中，加入碘溶液 2 ～ 3 滴，乳中有淀粉时即出现蓝色、紫色或暗红色及其沉淀物。

步骤二 撰写实训报告

要求：详细写出感官检测、掺假乳检测的全过程。

原料乳感官评定及常见掺假乳检测实训报告

姓名:____________ 班级:____________ 内容:____________ 日期:____________

实训目的	
实训材料	
实训步骤	
结果分析	
学习体会	
教师评价	教师签字: 年 月 日

实训评价

实训评价表

评价项目	分值	扣分依据	自评分值	小组评分	教师评分	掌握程度
理论要点	10 分	描述错误不得分				基本 / 熟练
准备工作	10 分	错误不得分				基本 / 熟练
实践操作	40 分	错误 1 处扣 5 分				基本 / 熟练
操作描述	20 分	描述错误 1 处扣 5 分				基本 / 熟练
结果分析	20 分	描述错误不得分				基本 / 熟练
总计	100 分					

实训十六 奶牛个体泌乳曲线绘制（2学时）

任务描述

根据数据资料绘制出奶牛个体泌乳曲线图。

实训目的

（1）掌握奶牛从产犊到干奶整个泌乳过程中，产奶量的规律性变化。

（2）掌握以时间为横坐标，以产奶量为纵坐标的泌乳曲线绘制方法。

（3）通过泌乳曲线图分析奶牛的泌乳情况及饲养管理的改进方法。

实训要求

（1）为了使实训结果能够正确地反映实训牛场的生产状况，应注意选择牛群中具有代表性的、产奶量相对稳定的成年母牛的产奶记录作为实训数据，并进行计算、分析研究。

（2）绘制泌乳曲线所需的奶牛数据资料，应注意选择典型的3种类型，以绘制不同类型的泌乳曲线进行比较和分析。

（3）注意计算的准确性和正确表示数据的单位。

（4）学生能够严格按照实训步骤规范、安全地完成实训操作，认真撰写实训报告。

实训准备

（1）牛场牛群周转计划。

（2）牛场产奶计划。

（3）牛场成年母牛个体产奶量统计报表。

实训筹划

（1）掌握奶牛产奶性能测定的相关概念。

（2）整理生产记录，按要求绘制曲线图。

（3）严谨、认真地绘制出泌乳曲线图。

（4）分小组对计算方法、过程、结果进行讨论。

（5）在学生实训过程中教师须做全程评价，操作完成后学生须对结果进行小结。

（6）完成曲线绘制并撰写实训报告。

实训步骤

步骤一 做好实训前准备

1.泌乳曲线图的意义

泌乳曲线是根据奶牛的产奶量与泌乳时间绘制的曲线，是评价奶牛生产性能的重要指标。其绘制方法是先在坐标纸上确定坐标位置，横坐标表示泌乳时间（泌乳月），纵坐标表示产奶量（各泌乳月的日平均产奶量）。在两项指标的交汇点上标记出各泌乳月相应的产奶量，最后将各点连接成光滑的曲线，即为泌乳曲线。

泌乳曲线一般有 3 种类型，即平稳下降曲线、波动曲线（这种曲线常出现两个或多个高峰）和急剧下降曲线。泌乳高峰期日产奶量高，下降缓慢，整个泌乳期的产奶量稳定，说明奶牛的产奶性能好。

2.泌乳曲线在实际生产中的应用

将健康奶牛一个泌乳期的产奶量以时间为横坐标，以产奶量为纵坐标做出的曲线图，应和上一个泌乳期的曲线走向基本保持一致。母牛在产犊、受孕、泌乳的过程中，生理上会发生一系列变化。在怀孕后期，奶牛受雌激素、生长激素和催乳素的作用，乳腺迅速发育，乳腺小泡和输乳导管积蓄的初乳不断增多，乳房膨胀起来；分娩时，母牛因催乳素和促肾上腺皮质激素含量不断增多、孕酮含量下降而刺激泌乳，所以母牛泌乳量达到一定高峰后开始下降，直至干奶。泌乳奶牛从产犊、泌乳、受孕、干奶到产犊的全过程叫作一个泌乳期。

3.泌乳规律分析

（1）奶牛在妊娠后，需要经过一段时间才能达到泌乳高峰；一般来说低产牛在产后 20 ～ 30 d 即达到泌乳高峰，而高产牛在产后 40 ～ 60 d 才达到泌乳高峰；低产奶牛的产奶高峰维持时间短，而高产奶牛的产奶高峰维持时间相对比较长，可达 30 ～ 60 d。

（2）高产奶牛的峰值较高，一般高峰期的峰值能多产 1 kg 奶，整个泌乳期能多产 400 kg 奶。

（3）高峰期之后，奶牛的产奶量逐渐下降。下降的速度依奶牛的营养状况、饲养水平、妊娠期、品种及其生产性能有所不同。高产奶牛一般每月下降 4% ～ 5%，低产奶牛可下降 9% ～ 10%；最初月数下降较慢，到泌乳末期（妊娠 5 ～ 6 个月），由于胎儿迅速生长，胎盘激素和黄体激素的分泌加强，会抑制脑垂体分泌催乳素，因此泌乳量开始迅速下降。

（4）牛奶的乳脂率和泌乳量相反，在泌乳期的最初 2 ～ 3 个月内，乳脂率略有下降，以后则随着泌乳期的发展，泌乳量下降而乳脂率逐渐升高。

（5）与成年母牛相比，头胎牛的泌乳量应达到成年牛的 75%。如果低于成年牛的

75%，则说明头胎牛没有达到泌乳高峰；如果高于成年牛的 75%，则说明头胎牛达到了泌乳高峰（由于品种、健康程度和育成牛培育工作都很好），或是成年牛没有达到高峰。

（6）产奶牛干物质采食量产后逐渐增加，但增加的速度较缓慢，其高峰出现在产后 90 ～ 100 d，之后又缓慢下降。

步骤二 实训操作

绘制奶牛个体全泌乳期泌乳曲线：依照奶牛个体全泌乳期各泌乳月测点日实际产奶量统计数据绘制，从泌乳的第 1 天到泌乳结束，各泌乳月等间隔测定 2 ～ 3 个泌乳日产奶量，注意还要测得开始泌乳日、最高泌乳日及结束泌乳日的日产奶量，以此为基础通过手工绘制或借助 Excel 软件绘制出泌乳曲线。

例如：某牛场 001 号泌乳母牛 2023 年 3 月 12 日产犊，至 2023 年 12 月 10 日干奶，实际产奶 273 d，通过月泌奶量测定，结果如下：14 kg（开始日），16 kg，19 kg；23 kg，28 kg，33 kg；34 kg，37 kg，40 kg；40 kg，42 kg，44 kg（最高日）；39 kg，40 kg，38 kg；38 kg，37 kg，39 kg；34 kg，32 kg，33 kg；27 kg，26 kg，26 kg；24 kg，23 kg，15 kg（结束日）。

依照奶牛个体全泌乳期各泌乳月实际产奶量统计数据，和按照个体奶牛一个泌乳期各泌乳月实际产奶量统计数据绘制泌乳曲线，各泌乳月等间隔测定 2 ～ 3 个泌乳日产奶量，各自乘以等间隔天数后相加，即为本泌乳月产奶量。开始或结束时不够一个月的，按照实际天数计算即可。按上例计算该奶牛各泌乳月产奶量见表 16-1。

表 16-1 某牛场泌乳母牛泌乳期各泌乳月产奶统计表 单位：kg

牛号	泌乳月									
	1	2	3	4	5	6	7	8	9	10
001	490	840	1 110	1 260	1 180	1 140	990	790	590	0

说明：001 号泌乳母牛实际泌乳 273 d，与 305 d一个全泌乳期比较少了 1 个月零 2 d，因此在第 9 个泌乳月的产奶量计算时是按照：24×10＋23×10＋15×8＝590（kg）求出。手工绘制出泌乳曲线图然后分析。

步骤三 结果分析

1. 泌乳曲线的变化趋势

该牛场荷斯坦奶牛的不同胎次泌乳曲线的趋势基本一致，都是先增加到一个峰值后再缓慢降低至干奶。但是，随着胎次的增加高峰日产量逐渐增加，第 1 胎泌乳高峰月产奶量最低。荷斯坦牛产奶高峰一般在 40 ～ 60 d，奶牛分娩后头几天的产奶量较低，随着身体逐渐恢复，日产量逐渐增加，在第 20 ～ 60 d 日产量达到该泌乳期的峰值。该牛场荷斯坦奶牛的产奶高峰日出现在第 2 个泌乳月，且第 3 胎奶牛的泌乳高峰日产奶量最高。

2. 不同胎次产奶量的比较

由该牛场奶牛总数据的第 1 胎、第 2 胎、第 3 胎、第 4 胎、大于第 4 胎次和所有胎次的泌乳曲线图可知：第 3 胎次产量高于第 2 胎次；各胎次基本与大于第 4 胎次的产奶量呈交叉趋势；第 4 胎次低于第 2 胎次；各胎次泌乳高峰均出现在第 2 个泌乳月，其中第 3 胎次的泌乳高峰月产奶量最高，第 1 胎次的泌乳高峰月产奶量最低。

步骤四 撰写实训报告

要求：到奶牛场进行实地调研，了解其生产水平，掌握牛场的牛群周转计划、产奶计划和个体泌乳牛产奶量统计报表，选择具有代表性的 5 ～ 10 头泌乳母牛分别按个体泌乳日产奶量和个体泌乳月产奶量进行个体泌乳曲线绘制，并对绘制泌乳曲线做简要分析。

奶牛个体泌乳曲线绘制实训报告

姓名:______________ 班级:______________ 内容:________________ 日期:______________

实训目的	
实训材料	
实训步骤	
结果分析	
学习体会	
教师评价	教师签字: 年　　月　　日

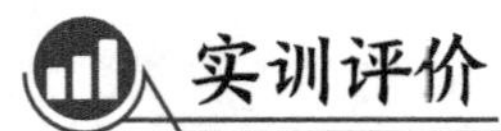

实训评价

实训评价表

评价项目	分值	扣分依据	自评分值	小组评分	教师评分	掌握程度
理论要点	20 分	描述错误不得分				基本 / 熟练
资料分析	20 分	错误不得分				基本 / 熟练
绘制过程	40 分	错误 1 处扣 5 分				基本 / 熟练
结果分析	20 分	错误 1 处扣 5 分				基本 / 熟练
总计	100 分					

母牛分娩与初生犊牛护理（4 学时） 实训十七

任务描述

（1）根据档案推算母牛的预产期，判断其是否与实际情况吻合。

（2）母牛妊娠征兆的观察与判断。

（3）熟悉助产技术。

（4）初生犊牛的护理。

实训目的

（1）通过本实训使学生掌握奶牛的助产技术。

（2）学会计算母牛的预产期，熟悉母牛正常分娩的预兆及过程。

（3）通过实训掌握犊牛初生时的护理工作。

实训要求

（1）通过本实训使学生了解母牛的产前表现。

（2）熟悉产道中胎儿的胎位，适当助产，沉着应对分娩时出现的危急情况。

（3）掌握胎儿的断脐、清洁护理和喂初乳的操作方法。

（4）母牛发生分娩困难时，不要强行拉出胎儿，要确定好分娩困难原因。

（5）母牛分娩后注意观察其胎衣排出、精神、食欲和粪便的情况。

（6）学生能够严格按照实训步骤规范、安全地完成实训操作，认真撰写实训报告。

实训准备

（1）根据配种记录选择临产奶牛 2～3 头，已产犊牛 1～2 头，以及视频文件等。

（2）产房应清洁、温暖、干燥、安静，地面铺设清洁、干燥、柔软的垫草并消毒好。

（3）母牛临盆的接生及助产器械、常用消毒药品及用品、催产药、保温用品、取暖设施等，如剪刀、纱布、脸盆或水桶、干净毛巾或擦布、热水、结扎细绳，以及碘酊、酒精棉球、高锰酸钾等消毒药品，产科钳、产科绳、工作服等。

实训筹划

（1）复习母牛生产前饲养管理要点，掌握奶牛预产期，做好产前准备。

（2）做好待产母牛的助产准备工作。

（3）按助产方法严谨、认真地完成操作。

（4）分小组讨论，并对操作过程详细描述。

（5）在学生操作过程中教师须做全程评价，操作完成后学生须对实习过程进行小结。

（6）撰写实训报告。

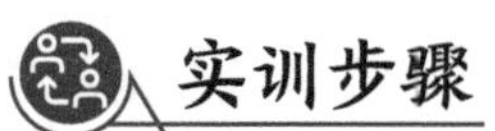

实训步骤

步骤一 做好实训前准备

1. 实训的意义

母牛怀孕期即胎儿生长发育期，胎儿发育成熟就会分娩，母牛分娩即“瓜熟蒂落”的过程，因此要记录好母牛怀孕期的最后一次配种或输精日期，以计算母牛的预产期。随着胎儿的发育成熟，母牛体征在临产前会发生变化，可以根据这些变化及接产经验估计分娩的来临，接产工作应在严格消毒的原则下进行。

2. 母牛预产期计算

奶牛的妊娠期为280 d，黄牛的妊娠期为270～285 d，水牛的妊娠期为320～327 d。首先，要记录好母牛怀孕期的最后一次配种或输精日期；其次，将最后一次配种或输精的月份减3、日期加7，或将月份加9、日期加7，所得出的月份和日期就是母牛的预产期；最后，记录好预产期，按照计算出的预产日期和母牛临产前的预兆表现，做好接产准备工作。

3. 妊娠母牛产前饲养管理

（1）新鲜优质的饲料。母牛产前应充足供给高蛋白质精饲料和青绿饲料或青贮饲料以及钙、磷等矿物质、多维含量高的饲料，以确保胎儿生长的需要，防止造成母牛生产前后瘫痪等疾患。

（2）合理的管理。孕牛的生活环境应舒适安静，不受冷热刺激，运动要适当，需经常安抚、刷拭，严防惊吓、滑跌、挤撞、鞭打、顶架等现象发生。耕牛要合理使役，不宜重负，产前1个月应停止使役。

4. 临产预兆观察与分娩

（1）母牛乳房膨大。母牛的乳房约在产前半个月膨大，2个前乳头可挤出黏稠的淡黄色乳汁，之后4个乳头都可挤出白色乳汁。

（2）母牛外阴部变化。母牛的外阴唇开始肿胀，变柔软，皱褶平展，臀部塌陷；子宫颈口的黏液塞被融化，在临产前一两天流出透明的索状物。

（3）骨盆的变化。母牛在怀孕后期，骨盆韧带松弛变软，致使其臀部的尾根两侧出现凹陷现象，可使骨盆腔在分娩时稍增大。

（4）母牛的精神变化。母牛在临产时，由于子宫颈的高度扩张，导致出现阵痛现象，它会表现出精神不安，时起时卧，频频排尿，头经常回顾腹部等现象，这表明母牛即将分娩，因此接产人员不得离开母牛，并做好接产准备。

（5）体温变化。母牛产前 1 周体温升高 0.5 ～ 1 ℃，但产前 12 h左右又降低 0.5 ～ 1.2 ℃。

注意事项

（1）接产的目的是帮助母牛安全产出犊牛，因此沉着熟练应对其分娩是关键，需要充分确定犊牛位置，避免接产不当；当犊牛的头伸出，膜未破时，要人为地适时破膜，但不要过早撕破，以免胎水过早流失。

（2）充分保护母牛、犊牛安全，接产工作一定要根据母牛分娩的生理特点进行，以顺其自然为好，不要过早过多地干预，但如果是难产则要及早处理，防止胎儿窒息。

（3）接产后的工作处理不得轻视，严格按要求进行消毒护理。

步骤二 实训操作

1. 人员准备

接产人员应当接受过专业接产训练，熟悉母牛的分娩规律，严格遵守接产的操作规程，实现专人专管，并加强夜间值班制度。

2. 产前准备

在母牛临产前 10 多天就要注意观察母牛的变化，并要在母牛临产前 1 周左右做好用具和有关药品的准备。

3. 临产准备

在母牛临产时，先用 2% 来苏尔水或 0.1% 高锰酸钾洗净、消毒母牛的外阴部、尾根及整个后躯，让母牛呈右侧卧姿势，固定尾根以防挡住阴道，准备接产。

4. 胎向、胎位及胎姿的检查

当母牛阴门露出羊膜囊时，接产人员消毒手臂，伸入阴门，判定胎儿位置、胎姿，选择接产方法。母牛如果分娩正产则犊牛两蹄叉朝下，两前肢夹着头先露出；如果是倒产，则犊牛两蹄叉朝上，后肢和臀部先露出。正产时接产人员须检查一下胎姿，是否两前肢夹着头：如果正常，接产人员只要两手拉着两前肢的系部稍加用力就能顺利产出，但不能强拉，注意保护母牛会阴部，防止破裂；如胎势、胎位、胎向异常，则应矫正胎位，先推后拉，推拉结合，将异常部位矫正后，再应用牵引术拉出犊牛，如仍不能拉出，则须根据情况采取措施，防止发生难产。

5. 分娩

母牛的子宫肌在体内催产素的作用下开始出现阵缩，阵缩时将犊牛和胎膜推入子宫颈，迫使子宫颈开放，同时产道的胎膜被挤破。犊牛的前置部分会顺着胎水流入产道，犊牛随着阵缩腹内压升高，使其从子宫内经产道排出。犊牛产出后，经 12 h的间歇，子宫肌开始新一轮收缩，直到完全排出胎衣为止，如 12 h后胎衣不下，催产素 50 ～ 100 IU肌注；已烯雌酚 20 mL肌注；0.9%氯化钠 500 mL、青霉素 1 200 IU混合冲洗子宫。

6.难产与助产

（1）犊牛的头和前肢露出时，注意其前肢的蹄底是否向下，并注意母牛的努责情况。如果母牛阵缩及努责正常，但长时间不见胎膜及犊牛排出，或阵缩和努责微弱，或倒生，或其他原因（产道狭窄、犊牛过大等）造成产仔滞缓，此时如子宫颈开张不完全，可先注射雌二醇 20 ～ 30 mg，使子宫颈口开张，再注射催产素 50 ～ 100 IU。子宫颈口扩张后，向产道内灌入温热的肥皂水或石蜡油润滑，用产科绳拴住胎儿两前肢系部，牵引助产。

（2）产力不足时，应迅速给牛输液：催产素 100 ～ 200 IU、50%葡萄糖 500 mL，10%葡萄糖 500 mL，20%安钠咖 10 mL。用产科绳拴住犊牛两前肢系部牵引助产，以免其因氧气供应受阻。一人双手消毒后伸入产道（阴道），用大拇指插入犊牛的口角，然后捏住其下颚，趁母牛努责时交替用力，顺着骨盆轴的方向慢慢拉出犊牛，另一人用手捂住母牛阴唇和会阴部，以避免造成阴门破裂，当犊牛头部被拉出阴门时，动作要缓慢，防止母牛的子宫脱出。

（3）如果犊牛的前部已进入产道，因过大或胎向、胎位、胎势异常无法通过产道，且矫正胎位、牵引助产都不成功时，可考虑剖腹产或分割犊牛排出。

7.犊牛护理

（1）擦干净黏液、控羊水、促呼吸。先将犊牛口、鼻周围及身上的黏液擦净，以利于其呼吸，避免羊水被吸入肺内。若假死（心脏仍在跳动），则将牛倒提，促进其吐出羊水，并进行人工呼吸。

（2）断脐、称重、编号。自行扯断的脐带可在断端处涂抹碘酊，若未断脐则应将脐带内的血液挤入犊牛体内，在距腹部 8 cm处剪断脐带，在脐部的断端处用碘酊溶液浸泡消毒 1 min，以预防脐带炎和脐带疯（破伤风）；剥去软蹄，进行称重、编号。

（3）母牛舔舐犊牛黏液。母牛舐净犊牛黏液，吸入羊水（内含催产素）有利于胎衣的排出，还可增强母子关系。

（4）及时让犊牛吃上、吃足初乳。1 h内帮助犊牛吮取母牛的初乳，如没有初乳，可用人工奶代替初乳，其主要成分为鲜牛奶、葡萄糖、盐、多种维生素等，补充营养与电解质；一天喂 4 ～ 5 次。

8.母牛产后护理

（1）母牛产后除饮用温热的麦麸水（或收集的羊水）外，还需喂食温热、足量的米粥加适量红糖，换上干净的垫草，让其休息；或可饮用一些生理盐水与葡萄糖水以及益母草药水或益母草膏。

（2）母牛分娩后要注意胎衣是否完全排出，若排出不全，不可急扯胎衣；如胎衣滞留 24 h（夏季 12 h）以上，可用高渗浓盐水或者浓糖水子宫灌注，一般 12 h自行脱落，或注射催产素，促其排出。

（3）注意外阴损伤。消毒母牛的外阴部，以防受细菌污染而发生子宫炎症，保持产房和牛体卫生；加速母牛体质恢复，补充适量钙、葡萄糖、益母膏等；预防子宫外翻、产后瘫痪等。

（4）产后1～7 d母牛大量排出恶露，须注意恶露的颜色、气味、内含物等的变化及子宫自净情况；注意母牛的精神状态、食欲、体温及体重变化，如子宫有炎症，可用少量、高效、高浓度药物洗浴，并注射抗生素。

（5）产后1个月不仅对母牛进行直肠检查，还要检查母牛的子宫恢复、卵巢状态，以及宫颈、阴道情况等。

步骤三 撰写实训报告

要求：根据实训内容详细记录、分析实训操作结果。

母牛分娩与初生犊牛护理实训报告

姓名：________ 班级：________ 内容：________ 日期：________

实训目的	
实训材料	
实训步骤	
结果分析	
学习体会	
教师评价	教师签字： 年　　月　　日

实训评价

实训评价表

评价项目	分值	扣分依据	自评分值	小组评分	教师评分	掌握程度
理论要点	10 分	描述错误不得分				基本 / 熟练
准备工作	10 分	错误不得分				基本 / 熟练
计算公式	40 分	错误 1 处扣 5 分				基本 / 熟练
结果描述	20 分	描述错误 1 处扣 5 分				基本 / 熟练
项目总评	20 分	描述错误不得分				基本 / 熟练
总计	100 分					

奶牛的行为学观察、记录与分析（4学时） 实训十八

任务描述

通过观察奶牛，掌握其每天的采食次数、反刍次数、反刍时间、排泄次数、起卧次数、嗳气等生物学习性和生理特性。

实训目的

（1）通过学习和操作，使学生认识和了解奶牛行为学在生产实践中的重要意义。

（2）学习和掌握奶牛行为学研究在生产实际中的应用方法。

（3）通过实训和学习，使学生能够深刻理解动物福利的概念及其在奶牛生产中的重要应用价值。

实训要求

（1）通过本实训使学生了解母牛的行为学表现。

（2）熟悉牛的反刍、嗳气等生理行为，并通过观察分析是否正常。

（3）掌握牛反刍的次数、反刍的时间等并进行分析。

（4）观察牛的采食量、饮水量等，分析牛的采食情况。

（5）观察牛的排粪、排尿次数和排出量并观察粪便的颜色和性状。

（6）学生要严格按照实训步骤规范、安全地完成实训操作，认真撰写实训报告。

实训准备

（1）实训器材。计时器（电子表）、计时秒表、计数器、卷尺、牛场（牛舍、运动场等奶牛生活环境场所）、监控照相、录像设备。

（2）实训动物。在实训牛场，随机选择10头体质健康的中国荷斯坦奶牛，要求是月龄为13～15个月的育成母牛，记录牛号以供实训观察。

（3）饲养管理方式。为便于观察每头实训牛的单独行为，可采取拴系式饲养，全封闭舍饲，供给TMR（全混合日粮）饲料，定栏定位喂饲，自由饮水，定时在运动场自由活动。

实训筹划

（1）复习牛的生物学习性、生理特性等内容。

（2）做好观察前的准备工作。

（3）按实训要求和内容认真观察，其过程要严谨、认真。

（4）分小组讨论，反复对比并对过程详细描述。

（5）在学生实训过程中教师须做全程评价，操作完成后学生须对实习过程进行小结。

实训步骤

步骤一 做好实训前准备

1. 实训的意义

牛行为学是指研究牛和周围环境条件的关系，以及牛群体内个体之间相互关系的科学。它是动物和家畜行为学的一部分，主要研究牛在人工饲养条件下的正常行为、异常行为和疾病等。了解和掌握牛的行为特征，对于防病治病，建立人与牛的良好关系，搞好牛的繁殖和饲养管理工作，使牛体内能量代谢正常进行，保障动物福利，保持牛体健康，提高生产效率等具有重要的意义。

人类饲养奶牛的主要目的是获得牛奶，而为了获得最大产奶量，就有必要了解奶牛的各种行为表现。正确地了解和掌握奶牛的行为特点和规律不仅可以提高牛场的生产效率，还可以在很大程度上提高奶牛的生产能力。通过行为学研究可以不断认识奶牛的行为特征和适应能力，以便改善生产环境条件，优化生产工艺，提高经济效益。通过本实训的学习和操作可使学生掌握奶牛行为学的基本研究方法和应用技术。

2. 内容要点

（1）牧食行为（表 18-1、图 18-1）。在放牧饲养的环境下，一天 24 h 中，牛牧食时间为 4 ～ 9 h。通常牛在一天中，有 4 个主要的牧食高峰期：①日出前不久；②上午的中段时间；③下午的早期；④近黄昏时。

日出前和近黄昏时牛的牧食持续时间最长；在其他时间，牛间歇地吃草、游走、休息或反刍。采食量大小会受到牛只年龄大小、生理状态、牧草植被和气候情况的制约。牛日采食鲜草量约为其体重的 10%，折合干物质量约为其体重的 2%。牛在牧食活动中具有选择性，喜食青绿和块根类饲料，通常避免采食被排泄物污染的、绒毛多的或者外表粗糙的牧草。牛可通过嗅觉选择各种类型的牧草，但味觉的刺激是决定其选择的主要因素。尽管牛通过训练能消耗大量的含有酸性成分的饲料，但仍喜食带有甜、咸味道的饲料。

表 18-1　牛的牧食行为

项目	表现行为	数值（24 h）
牧食	牧食时间 /h	4 ～ 9
	啃咬总次数 / 次	24 000
	牧草采食量（鲜牧草）/kg	体重的 10%
反刍	牧草采食量（干物质）/kg	5.9 ～ 12.3
	牧食距离 /km	3.2 ～ 4.8
	反刍时间 /h	4 ～ 9
饮水	反刍周期 / 次	15 ～ 20
	逆呕食团数 / 个	360
	每食团咀嚼次数 / 次	48
活动	饮水次数 / 次	1 ～ 4
	卧下休息时间 /h	9 ～ 12
	自由运动时间 /h	8 ～ 9

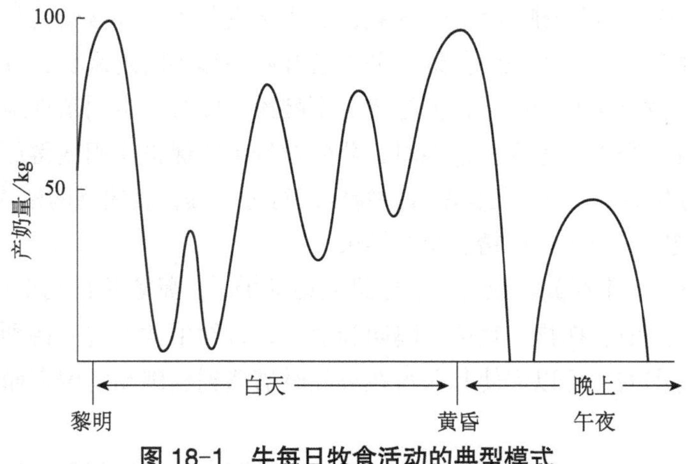

图 18-1　牛每日牧食活动的典型模式

（2）饮水。牛的饮水量包括饲料中含有的水分。在温暖天气，牛通常每天饮水 1 ～ 4 次；在热天或当饲料中精料比率较高时，饮水次数会增多。牛用其口笼饮水，这时舌的作用与其在牧食或摄食时不一样，在饮水过程中舌只发挥较小的作用，并且鼻孔保持在水面之上。牛通常在午前、下午早期和傍晚时饮水，而晚上和黎明时很少饮水。牛在老牧场放牧比在营养丰富的牧场放牧时饮水量大。给牛丰富的饲料，在舍饲时可出现比一般情况下消耗更多水的趋向。除热天和各种丰富饲料供给的情况外，挤奶也能增加母牛的饮水量。在挤奶后，特别是在傍晚挤奶后，牛不久就会大量饮水，因为牛奶中含 86% ～ 89% 的水分，所以水的及时补充是重要的。

其他一些因素也可改变或抑制牛的饮水活动。例如在怀孕后期和哺乳期，牛的饮水量会大大增加；饮水量也会随环境温度、品种、年龄、体形大小、牧草采食量，以及提供的饲料中营养水平和含盐量的不同而变化；欧洲品种的牛，无论在气候温暖时，还是在炎热天气时，都比热带品种牛饮水多；喂以高蛋白饲料的牛，饮水量比饲喂低蛋白饲料的牛要多；据统计，初孕小母牛每天的饮水量是 28 ～ 32 kg，而成年母牛每天的平均饮水量约为 14 kg。

（3）反刍行为。牛在摄食时，饲料一般不经充分咀嚼就匆匆吞咽进入瘤胃，通常在休息时再返回到口腔仔细地咀嚼，这种独特的消化活动叫作反刍。反刍可分 4 个阶段，即逆呕（食物自胃返回口腔的过程）、再咀嚼、再混合唾液和再吞咽。饲喂后通常经过 0.5 ～ 1.0 h才出现反刍，每一次反刍的持续时间平均为 40 ～ 50 min，然后间歇一段时间开始第 2 次反刍。这样，一昼夜进行 6 ～ 8 次反刍，而犊牛的次数则更多。牛每天花在反刍的时间上累计起来有 6 ～ 8 h之多。犊牛大约在出生后第 3 周开始出现反刍行为，这时犊牛开始选食草料，瘤胃内有微生物开始滋生繁殖，腮腺开始分泌唾液。如果犊牛提早采食粗饲料或被喂以成年牛逆呕出来的食团，则犊牛的反刍可提前出现。

（4）性行为。公牛和母牛的发情征状有很大差异。公牛通过听觉、嗅觉辨别母牛的发情状态，不需要特殊环境便可产生求偶行为，如表现为追逐，与母牛靠近，阴茎勃起，并试图爬跨。公牛发情无周期性，而母牛的发情则不同，具有明显的周期性。如发情时，母牛变得不安、兴奋，食欲降低、采食量下降，外阴红肿、阴道分泌物增加，常伴有“吊线”（阴户排出黏液）现象，愿意接近公牛，并接受公牛的爬跨。

在放牧的牛群中，母牛发情前期，公牛就开始在母牛附近采食，并保护它。处于发情前期的母牛对公牛有吸引力，但拒绝公牛爬跨，此时公牛间歇性地舔母牛的外阴部，并常常追逐。当母牛进入发情期时，公牛对母牛的保护作用变得更加明显，且不让其他公牛与母牛靠近。公牛的交配具有特定的行为过程，其典型的模式是：性激动—求偶—勃起—爬跨—交合—射精和交配结束。

（5）运动行为。牛在放牧或舍饲后刚进入运动场时，常表现出嬉耍性的行为特征，如腾跃、蹴踢、用前肢抓扒、喷鼻、鸣叫和摇头，且幼牛常表现得特别活跃。这对于幼牛的成长是有利的，可以促使其获得在放牧时遭遇到食肉动物侵害而对抗敌手的某些本领。

（6）休息行为。牛一天中休息 9 ～ 12 h，有时游走、有时躺卧。牛通常在腹位卧下时进行咀嚼，以增加腹部压力来促进反刍。牛在躺卧时，经常表现出个体的偏好，有的喜欢左侧卧下，有的喜欢右侧卧下。牛的前肢蜷曲在身体下面，一条后腿向前塞在身体下面，大部分体重由坐骨结节上面、后腿的膝关节和跗关节下面围起的三角形面支撑；另一条后肢伸向身体的一边，膝关节和跗关节部分屈曲。牛以单一姿势游走，它们不像马匹，不能够持续较长时间用直立姿势很好地休息。在长途运输 12 h以上时，停息时牛往往躺卧休息。因此，为了保持健康，牛一昼夜至少需卧息睡眠 3 h。

（7）排泄行为。牛排粪前会停止正在进行的活动，后肢分开、静立，抬尾弓背，排粪结束后 1 ～ 2 min恢复原样，走动时偶尔有排粪。排尿动作与排粪动作近似，但行走中未见其排尿现象。据观察研究，成年奶牛平均每昼夜排粪 15.8 次，排粪量达 33.3kg，排粪的间隔时间为 71.9 min。平均排尿次数为 10.3 次。

（8）群体行为。牛群在长期共处过程中，会形成群体等级制度和群体优胜序列。这种群体行为在规定牛群的放牧游走路线、按时归牧、有次序进入挤奶厅以及防御敌害等方面都具有重要意义。在一个大的开放的牛群体中，在初期，各种年龄牛可能互相交锋，等级地位通常根据强弱和体重而定。经观察，通常爱尔夏牛的群体地位优胜于娟姗牛，安格斯牛优胜于短角牛，而后者又优于海福特牛。在这种情况下，不同品种牛的遗传特征起到一定作用。

（9）异常行为。奶牛的异常习性表现为某种恶癖，如有的奶牛有异食癖，如吃沙、吃土、吃布条，甚至吃塑料布、啃木头等。可能观察到奶牛群体中，有个别牛出现吃土的异常行为，运动场边上的护栏上虽挂有舔砖，但它视而不见，将头伸出栏外舔土。奶牛发生异食癖，可能与饲料中缺乏微量元素钴、铜，常量元素磷等有关，应注意及时补充这些元素。

注意事项

（1）实训前做好实训人员的防护，穿着实训服、胶底硬质鞋，必要时佩戴防护眼镜。

（2）注意人畜安全，尽量避免与实训牛正面接触，以免引起牛的防御反射，被牛顶撞到。

（3）实训人员应做好夏季防暑或冬季防寒的措施。

（4）仔细观察和记录，避免遗漏或错过记录的行为项目和时间。

（5）分组实训，分工合作，明确各自负责的观察、计时或记录等任务。

步骤二 实训操作

（1）观察奶牛在实训期间发生的各种行为，重点观察其发生的次数和持续的时间。观察、测定、记录方法如下。

①采食。从实训牛采食第 1 口饲料开始计时，到牛停止采食时停止计时，记录全部采食时间。

②反刍。观察记录采食后至反刍开始的时间，即采食停止后至出现第 1 次反刍动作的时间；反刍周期；每个反刍周期观察 5 个食团，记录每个食团咀嚼的次数、时间，计算其平均值；上一个反刍食团吞咽至下一个反刍食团逆呕的间隔时间。

③卧地、站立或游走。以计时器记录实训牛每次从躯体接触地面到四肢完全站直时的时间为卧地时间，其余为站立或游走时间。

其他行为的观察、测定、记录方法由指导教师讲解说明，并按统一标准操作。

（2）仔细观察记录，将数据填入实训记录（表 18-2）并按要求计算。

（3）本实训要求观察和连续记录的时间为 2 ～ 4 h。

（4）如进行长时间的观察实训，则可通过设置在牛舍和运动场的摄像系统全程记录实训奶牛的行为活动。

步骤三 撰写实训报告

要求：（1）实训数据处理。收集、归纳和整理实训记录数据并填写实训记录

（表 18-2）进行数据处理。

（2）对实训中遇到的问题进行讨论，将讨论结果填入表 18-2 中“备注”栏中。

（3）应用计算机Excel软件处理和绘制牛的各种行为分布比例的饼状比例图，将分析、比较和讨论结果填入表 18-2 中“分析”栏中。

奶牛的行为学观察、记录与分析实训报告表

姓名：________ 班级：________ 内容：________ 日期：________

实训目的	
实训材料	
实训步骤	
结果分析	
学习体会	
教师评价	教师签字： 年 月 日

表 18-2　奶牛行为观察记录表

（实训时间：__时__分—__时__分　__年__月__日）

项目	采食	饮水	反刍	嗳气	排粪	排尿	站立	游走	趴卧	蹭栏杆	舔身体	爬跨	接受爬跨
次数 / 次													
持续时间 /s													
占实训时间比例 /%													
备注													

分析：

实训评价

实训评价表

评价项目	分值	扣分依据	自评分值	小组评分	教师评分	掌握程度
理论要点	10 分	描述错误不得分				基本 / 熟练
准备工作	10 分	错误不得分				基本 / 熟练
计算公式	40 分	错误 1 处扣 5 分				基本 / 熟练
结果描述	20 分	错误 1 处扣 5 分				基本 / 熟练
项目总评	20 分	描述错误不得分				基本 / 熟练
总计	100 分					

项目二

肉牛育肥技术

实训十九 肉用品种识别（2学时）

任务描述

掌握肉用品种牛的名称、产地、外貌特征、生产性能及主要优点、缺点。

实训目的

牛的产地不同、生态条件不同，其地方适应性也不同，从而有特定的外貌特征和生产性能，这些都是品种识别的依据。牛的外貌是体躯结构的外部表现，其实质是对牛体组织、器官和系统发育的反映。不同体质外貌的牛必然有与其相适应的生产类型，以保持和环境协调统一的整体性，具有共性的外貌特征是进行生产类型识别的依据。

实训要求

（1）进行品种识别时要多观察，并反复比较，以掌握区别要点。

（2）学生能够严格按照实训步骤规范、安全地完成实训操作，认真撰写实训报告。

实训准备

不同品种牛的模型、图片、视频、牛场、实体牛等。

实训筹划

（1）复习牛的分类及肉用品种牛的相关理论点。

（2）从外貌颜色、体形、大小、乳房大小、前躯、尻部确定生产方向及品种名称。

（3）对品种牛的产地、外貌特征、生产性能及主要优缺点进行认真描述。

（4）分小组讨论，反复操作并对操作过程详细描述。

（5）在学生操作过程中教师须做全程评价，操作完成后学生须对实习过程进行小结。

（6）撰写实训报告。

实训步骤

步骤一 实训操作

1. 加强专业基础

教师指导学生在课堂观看肉用品种牛的图片、模型、视频等教学资源引导学生对不同品种牛的特征产生感性认识。教师按产地、育成史、外貌特征、生产性能及优缺点对肉用品种牛进行分析，阐述育种价值、利用成果并进行对比讲解，加深学生对不同经济类型牛的印象。

2. 参观感受品种牛

在教师的指导下，学生到有关牛场现场参观学习，鉴别品种牛的不同外形特征及品种特征。学生分组进行仔细观察和记录，了解不同经济类型及品种特征，特别要观察其头部、体形、毛色、蹄和尾帚的典型特点。

3. 品种对比

经过人们长期有目的地选择与培育，形成了许多专门化的品种，通过对比分析它们的不同，对观察的牛分别进行描述记载，并做鉴别比较（表 19-1）。

表 19-1　肉用品种牛的外貌特征及生产性能

品种	原产地	外貌特征	公牛体重 / kg	母牛体重 / kg	屠宰率 / %
海福特牛	英国	被毛有“六白”特征，除头、颈垂、鬐甲、腹下、四肢下部和尾端为白色外，全身均为棕红色，皮肤为橙红色；早熟、中小型肉牛品种；体躯深宽；前胸发达；具有典型肉用牛的长方形体形	成年 900 ～ 1 100	成年 600 ～ 700	60 ～ 65
安格斯牛	英国	被毛黑色和无角为其重要特征，故也称其为无角黑牛；该牛体躯低矮、结实；头小而方，额宽；体躯宽深，呈圆筒形；四肢短而直；前后躯较宽；全身肌肉丰满；具有现代肉牛的典型体形	成年 700 ～ 900	成年 500 ～ 600	60 ～ 65
夏洛来牛	法国	被毛为白色或乳白色，皮肤常有色斑；全身肌肉特别发达；骨骼结实，四肢强壮；夏洛来牛头小而宽；角圆而较长，并向前方伸展，角质蜡黄；颈粗短，胸宽深；肋骨方圆，背宽肉厚；体躯呈圆筒状，肌肉丰满；后臀肌肉很发达，并向后和侧面突出	成年 1 100 ～ 1 200	成年 700 ～ 800	60 ～ 70
利木赞牛	法国	利木赞牛毛色为红色或黄色，口、鼻、眼圈周围、四肢内侧及尾帚毛色较浅，角为白色，蹄为红褐色；头较短小，额宽；胸部宽深；体躯较长；后躯肌肉丰满；四肢粗短	成年 950 ～ 1 100	成年 600 ～ 800	65 ～ 70

（续表）

品种	原产地	外貌特征	公牛体重 / kg	母牛体重 / kg	屠宰率 / %
契安尼娜牛	意大利	毛色为白色或乳白色，皮肤和黏膜为粉红色，尾帚多为黑色；头部较短，额宽，眼大突出，鼻镜宽大。角呈蜡黄色，质地坚实，向后上方弯曲；骼粗壮而坚实，肌肉丰满；背腰宽平；臀部宽厚；公牛肩峰显著，母牛乳房发育良好	成年 1 100～1 500	成年 800～1 100	65～70
皮埃蒙特牛	意大利	被毛为乳白色或浅灰色，犊牛幼龄时毛色为乳黄色，鼻镜为黑色；体形较大；体躯呈圆筒状，肌肉高度发达；公牛肩胛毛色较深，黑眼圈，尾帚黑色	成年 1 000～1 100	成年 500～600	65～68
比利时兰白花牛	比利时	被毛有白色、青蓝色和黑白花等毛色；体躯大部分较大，呈长方形，皮薄，肌肉极发达而隆起；臀部发达；背宽腰圆；骨骼细而结实	成年 1 100～1 250	成年 750～850	65～70
日本和牛	日本	全身毛色为黑色，有时略显褐色；角短、向前向上弯；体形中等大；肌肉丰满；骨骼较细	成年 700～800	成年 400～600	60～65

步骤二 撰写实训报告

要求：调查本地区饲养的肉用品种牛，叙述其品种特征和生产性能，并做鉴别比较。

肉用品种牛识别实训报告表

姓名:__________ 班级:__________ 内容:__________ 日期:__________

实训目的	
实训材料	
实训步骤	
结果分析	
学习体会	
教师评价	教师签字: 年 月 日

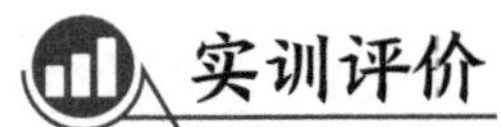

实训评价

实训评价表

评价项目	分值	扣分依据	自评分值	小组评分	教师评分	掌握程度
品种	10 分	描述错误不得分				基本 / 熟练
产地	10 分	描述错误不得分				基本 / 熟练
外貌特征	25 分	描述错误 1 处扣 5 分				基本 / 熟练
生产性能	25 分	描述错误 1 处扣 5 分				基本 / 熟练
优点	10 分	描述错误不得分				基本 / 熟练
缺点	10 分	描述错误不得分				基本 / 熟练
总结	10 分	描述错误不得				基本 / 熟练
总计	100 分					

黄牛品种识别（2学时）

实训二十

任务描述

通过外貌特点识别出黄牛的品种，并描述其产地、外貌特征、生产性能、品种特点等。

实训目的

（1）通过本实训熟悉我国黄牛的分类。

（2）通过本实训使学生掌握我国主要黄牛品种的外貌特征、生产性能、培育地、突出优点及地方适应性，以及在品种培育中的各自优势。

（3）通过本实训能够根据牛的外貌特征，识别出本地黄牛品种，并熟悉各品种的产地、经济类型、生产性能及主要优缺点。

实训要求

（1）进行品种识别时要多观察，并反复比较，以掌握区别要点。

（2）参阅相关品种的教材，熟悉各品种的外貌特征、生产性能及在育种工作中的应用现状和前景。

（3）学生分组自行收集各品种资料，在课堂上发表自己的观点并讨论。教师总结，从而使学生对品种牛的特征有深刻的认知；在观看多媒体或视频时，加深学生的感性认识，使相关记忆深刻。

（4）学生能够严格按照实训步骤规范、安全地完成实训操作，认真撰写实训报告。

实训准备

不同品种黄牛的模型、图片、视频、牛场、实体牛等。

实训筹划

（1）复习牛的分类及肉用牛的相关理论点。

（2）从外貌颜色、体形、大小、前躯、尻部等特征确定品种名称。

（3）对品种牛的产地、外貌特征、生产性能及主要优缺点进行认真描述。

（4）分小组讨论，反复操作并对操作过程描述。

（5）在学生操作过程中教师须做全程评价，操作完成后学生须对实习过程进行小结。

（6）撰写实训报告。

实训步骤

步骤一 实训操作

1. 加强专业基础

教师指导学生在课堂观看黄牛的图片、模型、视频等教学资源对不同品种的黄牛的特征产生感性认识。教师按产地、育成史、外貌特征、生产性能及优缺点对黄牛进行分析，阐述其育种价值、利用成果并进行对比讲解，加深学生对不同经济类型牛的印象。

2. 参观感受黄牛的品种

在教师的指导下，学生到有关牛场进行现场参观学习，鉴别不同黄牛的外形特征及品种特征。学生分组进行仔细观察和记录，了解不同经济类型及品种特征，特别要观察其头部、体形、毛色、蹄和尾帚的典型特点。

3. 品种对比

经过人们长期有目的地选择与培育，形成了许多专门化的品种，通过对比分析它们的不同，对观察的黄牛分别进行描述记载，并做鉴别比较（表 20-1）。

表 20-1 不同品种牛特征比较

品种	产地	外貌特征	生产性能	肉质特征
延边牛	延边牛的原产地和中心产区是吉林省延边朝鲜族自治州	延边牛体质结实，结构匀称，骨骼健壮，肌肉发达；被毛较长而密，毛色呈黄色，鼻镜一般呈淡褐色，有的有黑斑点；颈峰发达，鬐甲高而宽；角短粗，呈一字或倒八字形；腹部呈圆桶形；母牛鬐甲较低而平，角细长，多向前方弯曲；肩长而斜；尻宽长，不过斜；肋长而圆；乳房发育良好，乳头整齐；母牛腹大而不下垂；四肢健壮结实；肢势良好；蹄中等大，蹄质结实致密；皮肤厚、有弹力	根据屠宰实验，宰前活重 625 kg，胴体重 340 kg，屠宰率 54.4%，净肉率 47.6%，肉骨比 4.12，眼肌面积 108.8 cm^2	其肉质细嫩多汁、鲜美可口、营养丰富，具有生产优质高档牛肉的遗传基础

（续表）

品种	产地	外貌特征	生产性能	肉质特征
鲁西牛	鲁西牛原产地为黄河以南、京杭大运河以西、黄河故道以北三角地带的鲁西南地区，中心产区为山东省菏泽市的郓城县、鄄城县、牡丹区、巨野县，济宁市的嘉祥县、梁山县	鲁西牛体躯高大，肌肉发达；筋腱明显，皮薄骨细；体质结实，结构匀称；被毛呈淡黄至棕黄色，具有完全或不完全的“三粉特征”（即眼圈、口轮和腹下至股内侧呈粉色或毛色较浅）。鼻镜多呈肉红色，少量黑色	鲁西牛皮薄骨细，产肉率高，肉用性能良好，1～1.5 岁架子牛在中等饲养条件下（日喂 2 kg 左右混合精饲料），日增重可达 600 g。屠宰测定结果为平均屠宰率 57.2%，净肉率 49.0%，眼肌面积 89.1 cm^2	肉质具有肌纤维细、脂肪白且分布均匀、大理石花纹明显的特点
秦川牛	原产于陕西省渭河流域，中心产区为陕西省渭南市、西安市、咸阳市、宝鸡市等地	秦川牛体格高大，结构匀称，体质结实；毛色为紫红、红、黄 3 种，以紫红和红色居多，尾帚多混有白色或灰白色毛；角短而钝，质地细致，呈肉色；鼻镜多为肉红色，少数为黑灰色或有黑斑点；胸部宽深；骨骼粗壮，肌肉丰满；蹄圆大，蹄壳多呈粉红色，少数为黑色或黑红相间	每千克日粮干物质含可消化粗蛋白 71.1～101.1 g，代谢能 9.4～10.5 MJ 的良好饲养条件下，育肥 395 d，平均日增重 749 g	肉质细致，瘦肉率高，大理石纹明显
南阳牛	产于河南省南阳地区，其中心产地在河南省的白河县和唐河流域广大平原地区	南阳牛体躯高大，结构紧凑，体质结实；毛色有黄、红、草白 3 种颜色，以黄色居多，占 93%，红色、草白色较少，面部、眼睑、腹下和四肢毛色较淡；鬐甲较高；颈垂、胸垂较大，多皱纹；皮薄毛细，毛短而贴身者占 94%	肥育 7～8 个月体重可达 441.7 kg，平均日增重公牛为 813 g，屠宰率为 55.6%，净肉率为 46.6%	南阳牛肌肉丰满，肉质细嫩，颜色鲜红，大理石样花纹明显，适口性极强，被中外专家称为“理想肉品”
晋南牛	产于山西省西南部汾河下游的晋南盆地	晋南牛体形较大，结构匀称，骨骼坚实，肌肉发达；毛色以枣红为主，粉红鼻镜，蹄壁多呈粉红色，质地致密；头部大小适中，额宽，鼻镜宽大，眼大明亮；角短而钝，呈蜡黄色；颈短而厚；肩峰不明显；躯干宽深，背腰平直；荐部稍斜；四肢粗壮；蹄质坚实	晋南牛肌肉丰满、肉质细嫩，成年牛在一般育肥条件下日增重可达 851 g（最高日增重可达 1.13 kg）。成年体重公牛 700 kg 以上，母牛 400 kg 以上。在营养丰富的条件下，12～24 月龄公牛日增重 1.0 kg，母牛日增重 0.8 kg。24 月龄公牛屠宰率 55%～60%，净肉率 45%～50%。眼肌面积公牛 83 cm^2，母牛 68 cm^2	肌肉丰满、肉质细嫩，具有大理石花纹明显等特点

步骤二 撰写实训报告

要求：调查本地区的黄牛品种，叙述其品种特征和生产性能并做鉴别比较。

黄牛品种识别实训报告表

姓名：__________ 班级：__________ 内容：__________ 日期：__________

实训目的	
实训材料	
实训步骤	
结果分析	
学习体会	
教师评价	教师签字： 年 月 日

实训评价

实训评价表

评价项目	分值	扣分依据	自评分值	小组评分	教师评分	掌握程度
品种	10 分	描述错误不给分				基本 / 熟练
产地	10 分	描述错误不给分				基本 / 熟练
外貌特征	25 分	描述错误 1 处扣 5 分				基本 / 熟练
生产性能	25 分	描述错误 1 处扣 5 分				基本 / 熟练
优点	10 分	描述错误不给分				基本 / 熟练
缺点	10 分	描述错误不给分				基本 / 熟练
总结	10 分	描述错误不给分				基本 / 熟练
总计	100 分					

实训二十一 牦牛品种识别（2学时）

任务描述

通过外貌特征识别出牛的品种，并描述其产地、外貌特征、生产性能、品种特点等。

实训目的

能够根据牛的外貌特征识别出牦牛的品种，并熟悉各品种的产地、经济类型、生产性能及主要优缺点。

实训要求

（1）进行品种识别时要多观察，并反复比较，掌握其区别要点。

（2）学生能够严格按照实训步骤规范、安全地完成实训操作，认真撰写实训报告。

实训准备

不同品种牦牛的模型、图片、视频、牛场、实体牛等。

实训筹划

（1）复习牦牛的分类及其相关理论点。

（2）从外貌、体形、大小、前躯、尻部等特征确定品种名称。

（3）对牦牛的产地、外貌特征、生产性能及主要优缺点进行认真描述。

（4）分小组讨论，反复操作并对操作过程详细描述。

（5）在学生操作过程中教师须做全程评价，操作完成后学生须对实习过程进行小结。

（6）撰写实训报告。

实训步骤

步骤一 做好实训前准备

掌握本地优秀牦牛品种的外貌特征、生产性能及主要优缺点。

步骤二 进行实训

（1）观察不同品种牦牛的图片等。

（2）组织放映有关牦牛品种的视频。

（3）教师带领学生实地参观牛场，观察牦牛群外貌特征，了解其生产性能及主要优缺点。

（4）对观察到的牦牛分别进行描述记载，并做鉴别比较。

步骤三 撰写实训报告

要求：调查本地区主要的牦牛品种，叙述其品种特征和生产性能并做鉴别比较。

牦牛品种识别实训报告表

姓名:____________ 班级:____________ 内容:______________ 日期:______________

实训目的	
实训材料	
实训步骤	
结果分析	
学习体会	
教师评价	教师签字: 年 月 日

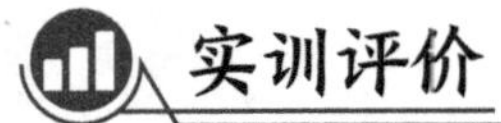

实训评价

实训评价表

评价项目	分值	扣分依据	自评分值	小组评分	教师评分	掌握程度
品种	10 分	描述错误不给分				基本 / 熟练
产地	10 分	描述错误不给分				基本 / 熟练
外貌特征	25 分	描述错误 1 处扣 5 分				基本 / 熟练
生产性能	25 分	描述错误 1 处扣 5 分				基本 / 熟练
优点	10 分	描述错误不给分				基本 / 熟练
缺点	10 分	描述错误不给分				基本 / 熟练
总结	10 分	描述错误不给分				基本 / 熟练
总计	100 分					

肉牛及黄牛的外貌评分（2学时）

实训二十二

任务描述

根据外貌选择标准，按照生产性能、体质和品种特征的系统性进行评分。

实训目的

（1）掌握肉用牛的外貌鉴定项目、评分标准。

（2）理解外貌鉴定的基本方法和要领，为肉用牛的选择打好基础。

实训要求

（1）鉴定应在宽敞、平坦、光线充足的场所进行。

（2）将被鉴定的牛拴在并排的桩子上，每头牛间的距离 3 ～ 4 m。

（3）鉴定人员站在距离牛 4 ～ 6 m的地方，由远到近观察牛的整体和局部后，进行评分。

（4）学生能够严格按照实训步骤规范、安全地完成实训操作，认真撰写实训报告。

实训准备

牛测杖、卷尺、测角计、肉牛、中国黄牛等。

实训筹划

（1）复习肉用牛外貌鉴定的方法，重点掌握外貌鉴定法。

（2）做好鉴定肉用牛的准备工作。

（3）按鉴定标准进行鉴定，鉴定过程要严谨、认真。

（4）分小组讨论，反复操作并对操作过程详细描述。

（5）在学生操作过程中教师须做全程评价，操作完成后学生须对实习过程进行小结。

实训步骤

步骤一 做好鉴定前的准备

评定前须对牛的品种、年龄、牛号、评定表格及饲养管理等情况调查清楚。评定一般在牛场的运动场进行，最好在运动场内临时设置一个小围栏，把牛圈在小围栏内；要求地面平坦宽敞，光线充足。

注意事项

（1）指导教师须先通过饲养员或牛场技术人员了解每头牛的性情，挑选老实、不踢人的牛作为实训动物。

（2）指导教师须先详细讲解外貌评定的标准，使学生对每个评定小项可能出现的多种形态做到心中有数。

（3）指导教师须先示范评定2～3头牛，对于每一项的评定结果都要详细说明其理由。

（4）把学生分为若干小组，每个学生独立评定，最后将该组学生对每个小项和大项的评分及总分求出平均数，即为该牛的评分结果。

（5）每组至少评定5头母牛，指导教师监督其评定的可重复性，对分歧较大的小项由指导教师进行校正，然后重新评定，直至相对一致即可。

步骤二 实训操作

外貌评定一般数人一组，逐头进行；将一头待评定的牛小心驱赶到小围栏内，评定小组成员在小围栏外评定。在运动场评定时，使牛自然站立在场地中央，可以活动。评定小组成员在牛的周围形成一个松散的圆圈，这样既有利于评定成员从各个角度观察牛的外貌，又可以防止在评定过程中被评定的牛跑掉或对运动场上其他牛产生干扰。

步骤三 鉴定评分

评定人员首先须站在距被评定牛适当距离的地方，对牛的整体进行观察（包括静止和随意运动状态），以便对该牛有大致的印象，从整体上评定该牛属于哪个层次的牛。根据牛的外貌评定评分表（表22-1、表22-2）的内容，分别按项目逐一进行评定。根据评定项目的要求可调整评定人员与牛之间的距离，甚至可以走近牛体，对牛体进行触摸；也可以根据评定要求，调整牛的站立姿势和使牛做必要的运动，其目的是全面客观地了解被评定牛每个评定项目的详细情况，做出正确判断。根据被评定牛各评定项目的实际情况与评定评分表中的理想型要求之间的差距和评分标准，给出每一项目的评定分数记录于相应的表栏内。

表 22-1 肉用牛外貌评定评分表

部位	评定要求	评分	
		公	母
整体结构	品种特征明显，结构匀称，体质结实，肉用牛体形明显，肌肉丰满，皮肤柔软有弹性	25	25
前躯	胸深宽，前胸突出，肩胛平宽，肌肉丰满	15	15
中躯	肋骨开张，背腰宽而平直，中躯呈圆筒形，公牛腹部不下垂	15	20
后躯	尻部长、平、宽，大腿肌肉突出伸延，母牛乳房发育良好	25	25
肢蹄	肢蹄端正，两肢间距宽，蹄形正，蹄质坚实，运步正常	20	15
合计		100	100

注：本表适用于海福特牛、夏洛来牛、利木赞牛等纯种肉牛。

表 22-2 我国良种黄牛外貌评定评分表

项目	评定标准	评分	
		公	母
品种特征及整体结构	要求该品种全身被毛、眼圈、鼻镜、蹄趾等的颜色，角的形状、长短和色泽符合该品种要求；体质结实、结构匀称、体躯宽深、发育良好，皮肤粗厚，毛细短、光亮，头形良好，公牛有雄相，母牛俊秀	30	30
前躯	公牛鬐甲高而宽，母牛较低但宽；胸部深宽，肋弯曲扩张，肩长而斜	20	15
中躯	背腰平直宽广，长短适中，结合良好；公牛腹部呈圆筒形，母牛腹大不下垂	15	15
后躯	尻宽、长不过斜，肌肉丰满；公牛睾丸两侧对称，大小适中，附睾发育良好；母牛乳房呈球形，发育良好，乳头较长，排列整齐	15	20
四肢	健壮结实，肢势良好，蹄大、圆、坚实，蹄缝紧，动作灵活有力，行走时后蹄能赶过前蹄	20	20
合计		100	100

注：（1）凡品种特征不符合表 22-2 中规定者，不予评定；基本符合品种特征要求，而与标准尚有一定差距者，可根据表现程度在“品种特征及整体结构”中适当扣分。

（2）在评分时，为了便于掌握，每一大项可先按三级初步评定出最低分数，如“品种特征及整体结构”一栏中，公牛三级为 21 分（30×70%），然后根据该项外貌表现程度，适当增减分数。其他各项均可按此方法评分。

（3）凡具有严重的狭胸、靠膝、交突、跛行、凹背、凹腰、尖尻、立系、卧系等缺陷的母牛，都只能被评为二级以下（包括二级），具有上述表现的公牛只能被评为三级以下（包括三级）。

步骤四 撰写实训报告

要求：将鉴定步骤的详细描述、结果填下表。

肉用牛及中国黄牛的外貌评分实训报告表

姓名:____________ 班级:____________ 内容:______________ 日期:______________

实训目的	
实训材料	
实训步骤	
结果分析	
学习体会	
教师评价	教师签字: 年 月 日

实训评价

实训评价表

评价项目	分值	扣分依据	自评分值	小组评分	教师评分	掌握程度
鉴定前调查	10 分	错误不得分				基本 / 熟练
鉴定场所选择	10 分	错误不得分				基本 / 熟练
鉴定部位选择	40 分	错误 1 处扣 5 分				基本 / 熟练
正确评分	30 分	错误 1 处扣 5 分				基本 / 熟练
整理数据	10 分	错误不得分				基本 / 熟练
总计	100 分					

实训二十三 肉牛育肥计划（2学时）

任务描述

制订肉牛育肥计划。

实训目的

（1）通过实训掌握牛场饲料加工技术、饲喂方法、日常管理任务等主要饲养管理内容。

（2）通过实训和资料分析，制订出肉牛育肥计划表。

实训要求

（1）掌握肉牛育肥过程中主要的饲养技术。

（2）掌握肉牛育肥过程中主要的管理技术。

（3）分析资料，找出技术要点并根据当地育肥条件制订肉牛育肥计划，认真分析并撰写出实习报告。

（4）学生能够严格按照实训步骤规范、安全地完成实训操作，认真撰写实训报告。

实训准备

肉牛场、育肥相关资料。

实训筹划

（1）复习肉牛饲养管理技术的要点并熟记。

（2）掌握饲养期间的主要内容，并整理好相关资料。

（3）分小组进行讨论，反复对资料进行详细分析，并制订出计划表。

（4）在学生操作过程中教师须做全程评价，操作完成后学生须对实习过程进行小结。

（5）撰写实训报告。

实训步骤

步骤一 进行实训操作

（1）选择一家肉牛专业育肥场，让学生收集该场饲料种类，来源、贮存、加工、饲喂方法，工作日程时间表，肉牛品种或杂交组合，肥育类型，肥育期，架子牛入场年龄、体重、日增重、出栏体重，市场情况等信息，并编制调查表。

（2）根据调查结果，学生在教师指导下分析该育肥场的育肥状况，提出问题所在。

（3）制订育肥计划。根据该育肥场的综合调查结果，在教师指导下，为该场不同阶段肉牛设计育肥计划。计划应包括阶段增重目标、日粮配方、日饲喂量、饲喂方式、作息时间等，同时应考虑个体差异。育肥计划不是一成不变的，应根据阶段育肥效果重新分群并进行调整。

步骤二 撰写实训报告

要求：将称重和估算结果做好记录并填入实训报告表中，同时完成表 23-1。

肉牛育肥计划实训报告表

姓名:____________ 班级:____________ 内容:______________ 日期:_____________

实训目的	
实训材料	
实训步骤	
结果分析	
学习体会	
教师评价	教师签字: 年 月 日

表 23-1　肥育计划

牛号	体重 /kg	饲养期 / d	日增重目标 /（kg/d）	日饲喂精粗饲料量 /kg	饲喂方式	作息时间 /h	备注（附日粮配方等）

注：牛号可体现个体差异；体重为分群后体重；饲养期为某阶段育肥计划的天数；日增重目标是为某阶段设计的；饲喂方式指日饲喂次数、投料时间、投料顺序等；备注除附日粮配方外，还应包括个体差异及应对措施。

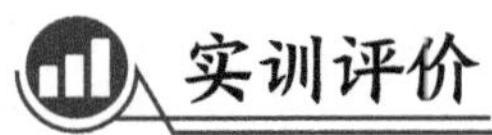

实训评价

实训评价表

评价项目	分值	扣分依据	自评分值	小组评分	教师评分	掌握程度
理论要点	10 分	描述错误不得分				基本 / 熟练
分析过程	20 分	错误 1 处扣 5 分				基本 / 熟练
要点讲解	30 分	错误 1 处扣 5 分				基本 / 熟练
完成计划	30 分	错误不得分				基本 / 熟练
整理数据	10 分	错误不给分				基本 / 熟练
总计	100 分					

肥度鉴定（2学时） 实训二十四

任务描述

通过肥度鉴定估测牛的育肥效果。

实训目的

（1）掌握肉牛肥度鉴定的主要部位，学会鉴定的基本方法和要领。

（2）能够对不同膘情的肉牛进行生产能力的测定、肉牛的肥度进行评定。

实训要求

（1）鉴定应在宽敞、平坦、光线充足的场地进行。

（2）将待鉴定牛保定在保定栏内。

（3）鉴定人员站在离牛 4 ～ 6 m的地方，先由远到近观察牛的整体和局部，再近距离触摸按压。

（4）学生能够严格按照实训步骤规范、安全地完成实训操作，认真撰写实训报告。

实训准备

肥育程度不同的牛若干头，肉牛肥育度评定标准。

实训筹划

（1）复习肉牛的育肥方法及其生长发育规律，掌握肉牛发育的过程及肉牛肥度鉴定的主要部位。

（2）做好鉴定牛的准备工作。

（3）按鉴定标准进行鉴定，根据一般外貌及主要部位进行评定，鉴定过程要严谨、认真。

（4）分小组进行讨论，反复操作并对操作过程进行详细描述。

（5）在学生操作过程中教师须做全程评价，操作完成后学生须对实习过程进行小结。

实训步骤

步骤一 实训操作

（1）鉴定前对牛的品种、年龄、育肥方法、育肥时间、育肥计划等情况须调查清楚。

（2）肋骨、脊骨、腰椎、鬐甲、背、腰、尻等部位。

（3）目测。主要观察牛体大小，体躯的宽窄与深浅度，腹部状态，肋骨的长度与弯曲度，垂肉、肩、背、尻、腰角等部位的肥满程度。

（4）触摸。以手探测牛体各主要部位的肉层厚薄和脂肪沉积状况。触摸的部位和顺序是：先背线，即从耳根经颈、鬐甲、背、腰、尻至尾根；后侧面，即从肩胛骨、肩端、肋骨、腰部两侧到臀端、阴囊。

（5）依据表 24-1 进行等级划分。

表 24-1　肉牛宰前肥度评定标准

等级	评定标准
特等	肋骨、脊骨和腰椎横突都不明显，腰角与臀端呈圆形，全身肌肉发达，肋部丰满，腿肉充实并向外突出和向下延伸
一等	肋骨、腰椎横突都不明显，但腰角与臀端不圆，全身肌肉较发达，肋部丰满，腿肉充实，但不向外突出
二等	肋骨不甚明显，尻部肌肉较多，腰椎横突不甚明显
三等	肋骨、脊骨明显可见，尻部如屋脊状，但不塌陷
四等	各部关节完全暴露，尻部塌陷

步骤二 撰写实训报告

要求：结合目测与触摸评定肥度等级，估计产肉量并记录到实训报告中。

肥度鉴定实训报告表

姓名:__________ 班级:__________ 内容:__________ 日期:__________

实训目的	
实训材料	
实训步骤	
结果分析	
学习体会	
教师评价	教师签字: 年 月 日

实训评价

实训评价表

评价项目	分值	扣分依据	自评分值	小组评分	教师评分	掌握程度
鉴定前调查	10 分	错误不得分				基本 / 熟练
鉴定场所选择	10 分	错误不得分				基本 / 熟练
鉴定部位选择	40 分	错误 1 处扣 5 分				基本 / 熟练
正确评分	30 分	错误 1 处扣 5 分				基本 / 熟练
整理数据	10 分	错误不得分				基本 / 熟练
总计	100 分					

实训二十五 牛活重测定（1学时）

任务描述

通过体尺数据估算出肉牛的活重。

实训目的

（1）通过体长、胸围和估测系数，估算出肉牛的活重。

（2）掌握估测系数的推算方法。

实训要求

（1）按要求熟记计算公式。

（2）体尺测量时须让牛自然站立，每项指标测量 3 次，取其平均值。

（3）测量部位要正确，操作宜迅速。

（4）计算时注意单位并写出计算过程。

（5）学生能够严格按照计算步骤规范地整理数据，独立完成实训报告。

实训准备

成年肉牛若干头、测杖、皮卷尺、表格、计算器等。

实训筹划

（1）掌握体重估测、体尺指数相关概念并熟记计算公式。

（2）进行体尺测量时对体尺值进行整理，并按要求计算。

（3）严谨、认真地计算出体重估测值。

（4）分小组对计算方法、过程、结果进行讨论。

（5）在学生计算过程中教师须做全程评价，操作完成后学生须对计算结果进行小结。

（6）完成数据分析并撰写实训报告。

实训步骤

步骤一 实训操作

1. 直接称重法（实测法）

（1）直接称重法是最准确的体重测定方法。具体方法是：让牛站在地秤上称重。要求在早晨饲喂前进行，称重迅速而准确，并做好记录。

（2）连续称重 3 d，取其平均数。在称重之前，地秤应调节好零点及灵敏度，然后令牛站于地秤中央称重，记录实际数据。要求称量准确，3 次称量结果之间的误差不超过 0.5%（发育中的小牛可放松为 1%）。

2. 估测法

在无地秤的情况下，可根据体尺测量数据进行估算。具体方法是：让牛端正站立于宽敞平坦的场地上，四肢直立，头自然前伸；用皮卷尺测量其胸围、体直长和体斜长。每项指标测量 3 次，取其平均值，做好记录，并计算活重。

肉牛计算公式为：

$$体重(kg)=[胸围(m)]^2\times 体直长(m)\times 100$$

乳肉兼用牛的计算公式为：

$$体重(kg)=[胸围(m)]^2\times 体斜长(m)\times 87.5$$

估测系数是事先从同类牛群中选出有代表性的 6 头牛，先实称其重量，再与体尺测量的结果比较而得出的。在实际工作中，不论采用哪个估重公式，都应事先进行校正，对公式中的常数（系数）做必要的修正，以保证其准确性。

步骤二 撰写实训报告

要求：将称重和估算结果记录到实训报告中并填表 25-1。

牛活重测定实训报告表

姓名:__________ 班级:__________ 内容:__________ 日期:__________

实训目的	
实训材料	
实训步骤	
结果分析	
学习体会	
教师评价	教师签字: 年　月　日

表 25-1　体尺测量与体重测定记录表

牛号	体直长 /cm	体斜长 / cm	胸围 /cm	体重测定 /kg			误差原因
				称重	估重	误差	

实训评价

实训评价表

评价项目	分值	扣分依据	自评分值	小组评分	教师评分	掌握程度
理论要点	10 分	描述错误不得分				基本 / 熟练
计算过程	20 分	错误 1 处扣 5 分				基本 / 熟练
计算讲解	30 分	错误 1 处扣 5 分				基本 / 熟练
计算结果	30 分	错误不得分				基本 / 熟练
整理数据	10 分	错误不得分				基本 / 熟练
总计	100 分					

实训二十六 肉牛屠宰测定（2学时）

任务描述

掌握屠宰时的流程及胴体测量内容。

实训目的

通过实际操作，让学生掌握肉牛屠宰方法、屠宰测定的项目和部位、肉用性能统计的方法。

实训要求

（1）牛在屠宰前 24 h 停食，前 8 h 停止饮水。

（2）活体与胴体测量部位要准确。

（3）胴体要干净，剔骨时要把肉剔干净。

（4）学生能够严格按照实训步骤规范、安全地完成实训操作，认真撰写实训报告。

（5）如若没有实训动物或实训条件不充足时，可利用相关视频进行一步步讲解，并对能实训的内容进行反复操作。

实训准备

屠宰刀具、测量用具（测杖、卡尺、皮尺、钢卷尺）、台秤、磅秤、盛装容器、保定绳、求积仪、硫酸纸、记录表格、牛胴体等。

实训筹划

（1）复习肉牛屠宰的程序及主要测定项目。

（2）做好屠宰前的检查、准备工作。

（3）操作过程要严谨、认真。

（4）分小组进行讨论，反复操作并对操作过程进行详细描述。

（5）在学生操作过程中教师须做全程评价，操作完成后学生须对实习过程进行小结。

（6）撰写实训报告。

实训步骤

步骤一 进行实训操作

（1）牛在屠宰前 24 h 停食，操作前 8 h 停止饮水，进行活体测量与称重。

（2）电晕保定。将牛用电击晕后保定。

（3）放血。用刀割断颈静脉和颈动脉，用盆盛血，直到血放尽为止。

（4）称血重和宰后重。屠宰后立即称重。

（5）剥皮。先沿腹部中线切开，然后切开四肢内侧，挑开四肢及胸腹皮肤后依次将腹壁、颈、背等部位的皮剥离。割开尾皮，在第 1 尾椎骨处取下尾骨称重；用卡尺量取右背侧双层皮厚除以 2；称取皮重。

（6）去头、蹄。在第 1 颈椎处将头割下，从腕关节、跗关节处将蹄割下，分别称重。

（7）内脏剥离。沿胸骨的剑状软骨纵向砍开胸腔、腹腔和骨盆腔，取出全部内脏（留下肾脏附近的脂肪）、食管、气管、生殖器官及周围脂肪（母牛取下乳房），剥离各内脏器官，并分别称重。

（8）胴体分割。用电锯沿椎骨中央将胴体分割成左右两个半片（称为二分体）。无电锯时，沿椎体左侧椎骨端自前而后劈开，分软、硬两半（左侧为软半，右侧为硬半）。称取胴体重量。

（9）测量胴体。胴体完全冷却（防止冻结）后，用吊钩挂牢胴体跟腱部，将半片胴体倒吊测量。

①胴体长：耻骨缝前缘胸骨联合点前缘的长度。

②胴体胸深：第 3 胸椎棘突处的体表至胸骨下部体表的垂直距离。

③胴体体深：第 7 胸椎棘突处的体表至第 7 胸骨体表的垂直深度。

④胴体后腿围：股骨与胫腓骨连接处（即膝关节处）的水平围度。

⑤胴体后腿长：耻骨缝前沿至跗关节（飞节）的长度。

⑥胴体后腿宽：尾根的凹处内侧至同侧大腿前缘的水平宽度。

⑦背部脂肪厚度：第 5 至第 6 胸椎间距离中线 3 cm 处的脂肪厚度。

⑧肋部脂肪厚度：第 12 肋骨弓最高处的脂肪厚度。

⑨腰部脂肪厚度：腰角外侧处的脂肪厚度。

⑩眼肌面积：第 12 至 13 肋骨间的眼肌横断面。用硫酸纸在第 12 胸椎后缘处将眼肌面积画出，并用求积仪求出其面积。

⑪大腿肌肉厚度：自大腿后侧体表至股骨体中点的垂直距离。

⑫腰部肌肉厚度：自体表至第 3 腰椎横突的垂直距离。

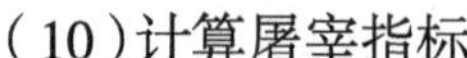

（10）计算屠宰指标

屠宰率＝胴体重/宰前活重×100%

净肉率＝净肉重/宰前活重×100%

式中，宰前活重——停食24 h、停饮6～8 h后，临宰时的体重。

胴体重——宰前活重减去头、蹄、皮、尾、内脏、血液，带有肾脏及附近脂肪的重量。

净肉重——胴体重减去骨后的全部肉重。

步骤二 撰写实训报告

要求：记录各项测定结果，进行肉用性能统计分析并记录到实训报告中。

肉牛屠宰测定实训报告表

姓名:____________ 班级:____________ 内容:______________ 日期:______________

实训目的	
实训材料	
实训步骤	
结果分析	
学习体会	
教师评价	教师签字: 年　　月　　日

实训评价

实训评价表

评价项目	分值	扣分依据	自评分值	小组评分	教师评分	掌握程度
理论要点	10 分	描述错误不得分				基本 / 熟练
准备工作	10 分	错误 1 处扣 5 分				基本 / 熟练
实践操作	40 分	错误 1 处扣 5 分				基本 / 熟练
操作描述	30 分	错误不得分				基本 / 熟练
项目总评	10 分	描述错误不得分				基本 / 熟练
总计	100 分					

实训二十七　牛胴体分割与分割部位的识别（2学时）

任务描述

掌握肉牛胴体分割技术。

实训目的

通过实际操作，使学生掌握肉牛胴体分割方法、要求，并熟悉各部位分割肉的名称。

实训要求

（1）注意刀具的使用方法，防止意外发生。

（2）准确识别胴体不同部位的名称和结构。

（3）遵守屠宰场的卫生防疫规章制度。

（4）学生能够严格按照实训步骤规范、安全地完成实训操作，认真撰写实训报告。

（5）如若没有实训动物或实训条件不充足时，可利用相关视频进行一步步讲解，并对能实训的内容进行反复操作。

实训准备

专业屠宰场、资料（GB/T 27643—2011《牛胴体及鲜肉分割》）、肉牛胴体、屠宰刀具等。

实训筹划

（1）复习肉牛屠宰的程序及胴体分割的部位。

（2）做好分割前的检查、准备工作。

（3）操作过程要严谨、认真。

（4）分小组进行讨论，反复操作并对操作过程进行详细描述。

（5）在学生操作过程中教师须做全程评价，操作完成后学生须对实习过程进行小结。

（6）撰写实训报告。

实训步骤

步骤一 实训操作

1. 前腿部分割方法

（1）小腿肉。前肢由肱骨远端关节（肘关节）割下，去骨。

（2）前腿肉。沿肩胛骨和胸臂结合处分割，使肩胛骨和肱骨与胴体分离，去骨。

（3）胸肉。自脊椎骨内侧向前剔至颈部，剔掉颈骨使脖肉完整，但不要割下，用刀尖挑开肋骨膜，沿软肋向上将肉揭开至肋骨顶端后，将肋骨、脊椎骨和颈骨全部去掉。从胸骨尖端处斜切至第 12 肋骨上端，离椎骨端 15 cm 左右处分割的下部为胸肉。

（4）脖肉。沿最后颈椎棘突方向斜切。

（5）背肉。分割后余下的部分。

2. 后腿部分割方法

（1）小腿肉。由股骨远端关节（膝关节）割下，去骨，和前腿部小腿肉合称小腿肉。

（2）腹肉。剔下第 13 肋骨，沿腰椎下缘经肋骨角向下，将腹肌全部割下。

（3）里脊肉。由腰部内侧剔出带里脊头的完整条肉。

（4）腰肉。由第 5 椎骨后缘割下，去骨。

（5）短腰肉。自第 5 椎骨处经髂骨干中点作斜线切割。

（6）膝圆肉。沿股骨自然骨缝分离，再用刀尖划开股四头肌和半腱肌的连接膜，割下股四头肌。

（7）后腿肉。由坐骨结节下缘沿骨缝经髋结节，再沿股骨自然骨缝分离股骨后部的肌肉（股二头肌、半腹肌和半膜肌）。

（8）臀肉。后腿割剩下部分（臀中肌、臀深肌）。

3. 优质高档牛肉胴体分割

（1）优质牛肉包括牛柳、眼肉、西冷，此外还把上脑、臀肉、大米龙、小米龙、膝圆、腰肉、腱子肉也列为优质牛肉。

（2）牛柳也叫里脊。首先剥去肾脏周围的脂肪，沿耻骨的前下方把里脊头剔出，然后由里脊头向里脊尾逐个剥离腰椎横突，取下完整的里脊。里脊重量占牛活重的 0.83% ～ 0.97%。

（3）西冷也叫外脊。沿最后的腰椎切下，沿眼肌腹壁一侧（离眼肌 5 ～ 8 cm 向前）用切割锯切下，在第 9 至第 10 胸肋处切断胸椎，逐个把胸椎、腰椎剥离。外脊重量占活牛重的 2.0% ～ 2.15%。

（4）眼肉的一端与外脊相连，另一端在第 5 至第 6 胸椎处。首先剥离胸椎，抽去筋腱，在眼肌腹侧距 8 ～ 10 cm 处切下。眼肉重量占牛活重的 2.3% ～ 2.5%。

（5）大米龙与小米龙紧密相连，剥离小米龙后，大米龙就被暴露无遗。顺着该肉块的自然走向剥离，便可得一块完整的四方形肉块。大米龙重量占牛活重的 2.1% ～ 2.5%。

（6）小米龙位于牛的臀部。当后牛腱取下后，小米龙肉块处于最明显的位置。分割时可按小米龙肉块的自然走向剥离为完整的一块肉。小米龙重量为活牛体重的0.7% ～ 0.9%。

（7）上脑主要包括背最长肌、斜方肌等。其一端与眼肉相连，另一端在最后颈椎处。分割时剥离胸椎，去除筋腱，在眼肌腹侧距离为 6 ～ 8 cm处切下。

（8）臀肉是把大米龙、小米龙剥离后，见到的一块肉。随着此肉块的边缘进行分割，即可得到臀肉；也可先沿着被锯开的盆骨外缘，再沿本肉块边缘分割。臀肉重量占活重的 2.6% ～ 3.2%。

（9）膝圆肉又称和尚头。当大米龙、小米龙和臀肉被取下后，能见到一块长圆形肉块。沿此肉块周边（自然走向）分割，便很容易得到一块完整的膝圆肉。膝圆肉重量占活重的 2.0% ～ 2.2%。

（10）腰肉是在臀部取出臀肉、大米龙、小米龙、膝圆肉后，剩下的一块肉。腰肉的重量为活重的 1.5% ～ 1.9%。

（11）牛腱子肉分前后，一头牛有 4 块，重量占活重的 2.7% ～ 3.1%。前牛腱从尺骨端下刀，剥离骨头取下；后牛腱从胫骨上端下刀，剥离骨头取下。

（12）牛的胴体分割在不同国家和地区，由于传统习惯和需要的不同，分割的方法和部位有区别，名称亦有所不同。

步骤二 撰写实训报告

要求：记录胴体不同部位的分割程序，画图并描述不同分割部位的肉块名称。

牛胴体分割与分割肉的识别实训报告表

姓名：____________ 班级：____________ 内容：____________ 日期：____________

实训目的	
实训材料	
实训步骤	
结果分析	
学习体会	
教师评价	教师签字： 年 月 日

实训评价

实训评价表

评价项目	分值	扣分依据	自评分值	小组评分	教师评分	掌握程度
理论要点	10 分	描述错误不得分				基本 / 熟练
准备工作	10 分	错误不得分				基本 / 熟练
实践操作	40 分	错误 1 处扣 5 分				基本 / 熟练
操作描述	20 分	描述错误 1 处扣 5 分				基本 / 熟练
项目总评	10 分	错误不得分				基本 / 熟练
整理数据	10 分	错误不得分				基本 / 熟练
总计	100 分					

牦牛肉干的制作（2学时）

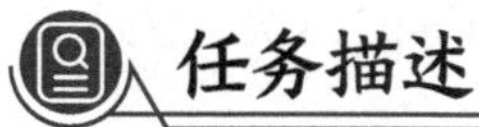

实训二十八

任务描述

制作出牦牛肉干。

实训目的

了解牦牛肉的特性，以及牦牛肉主要的加工工艺。

实训要求

（1）原料的选择须按要求严谨操作。

（2）制作过程要符合安全标准并严格执行。

（3）本实训为牦牛肉主要的加工工艺，制作过程和食品厂制作流程有所区别。

（4）在学生操作过程中教师须做全程评价，操作完成后学生须对实习过程进行小结。

（5）撰写实训报告。

实训准备

牦牛肉、调料品、烘烤箱、电子秤、刀、煮锅、炒锅等。

实训筹划

（1）复习牦牛肉的主要成分及牦牛肉干的制作程序。

（2）做好制作前的处理、准备工作。

（3）制作过程要严谨、认真。

（4）分小组进行讨论，反复操作并对操作过程进行详细描述。

（5）在学生操作过程中教师须做全程评价，操作完成后学生须对实习过程进行小结。

（6）撰写实训报告。

实训步骤

步骤一 进行实训操作

（1）选用新鲜牦牛肉，除去筋腱、肌膜、肥脂等，切成大小相等的肉块，洗去血污备用。

（2）牛肉 10 kg，白糖 220 g，五香粉 25 g，辣椒粉 25 g，食盐 400 g，味精 30 g，曲酒 100 mL，茴香粉 10 g。

（3）将牛肉煮至七成熟后置筛上自然冷却，然后切成 1 mm左右的薄片，要求片型整齐，厚薄均匀。

（4）取适量初煮汤，将配料混匀溶解后将牛肉片放入，烧至汤净肉酥后出锅，将肉平铺在烘筛上，60 ～ 80 ℃烘烤 4 ～ 6 h即为成品。

（5）要求色泽褐湿有光泽，肉质酥松，厚薄均匀，无杂质，口感鲜美，无异味。

步骤二 撰写实训报告

要求：根据制作流程撰写实训报告，并写出实训感想。

牦牛肉干的制作实训报告表

姓名:____________ 班级:____________ 内容:______________ 日期:______________

实训目的	
实训材料	
实训步骤	
结果分析	
学习体会	
教师评价	教师签字: 年　　月　　日

实训评价

实训评价表

评价项目	分值	扣分依据	自评分值	小组评分	教师评分	掌握程度
理论要点	10 分	描述错误不得分				基本 / 熟练
准备工作	10 分	错误不得分				基本 / 熟练
实践操作	40 分	错误 1 处扣 5 分				基本 / 熟练
操作描述	20 分	描述错误 1 处扣 5 分				基本 / 熟练
项目总评	10 分	错误不得分				基本 / 熟练
整理数据	10 分	错误不得分				基本 / 熟练
总计	100 分					

实训二十九 架子牛选择实训（2学时）

任务描述

通过实训，使学生熟练掌握架子牛选择的方法。

实训目的

（1）熟悉架子牛选择的原则和方法。

（2）熟悉外购运输架子牛的准备工作。

实训要求

（1）选好架子牛的品种和类型。

（2）拟定适宜的架子牛年龄和体重。

（3）选择外形符合要求的牛。体大头小，被毛杂乱，暗淡无光，草腹，对外界刺激反应过敏的牛，可能会发育为“小老头牛”，一定要仔细选择。另外也要注意架子牛的膘情。

（4）注意选购健康无病的牛。要拟定出检查牛只健康状况的方式方法。

（5）要清楚所要拟办的证件、手续以及确定的运输方法，车辆的台数、装载方法及运输过程中的注意事项。

（6）要事先了解产地有无疫情，牛价、气温、饲草饲料质量、气候等环境条件。

（7）严格按照实训步骤能规范、安全地完成实训，认真撰写实训报告。

实训准备

肉牛场，荷斯坦牛，新疆褐牛，黄牛，西门塔尔杂交牛，安格斯杂交牛，夏洛来杂交牛等实训用牛若干头。

实训筹划

（1）回顾肉牛的饲养管理技术要点，并参照相对应品种的生产标准。

（2）掌握好架子牛的等级，按 3 种架子 10 个等级，即大架子 1 级、大架子 2 级、大架子 3 级，中架子 1 级、中架子 2 级、中架子 3 级，小架子 1 级、小架子 2 级、小架子3级和等外。进行划分。

（3）根据架子牛进行选择。

（4）做好价格预算，口述收购转运前的准备，讨论牛在运输过程中可能出现的装卸、饲喂、应激等问题，并做好解决方案。

（5）操作过程中教师全程评价，完成后将实习过程进行小结。

（6）撰写实训报告。

实训步骤

步骤一 进行实训操作

1.架子牛品种的选择

（1）选择国外优良肉牛作为父本与本地黄牛杂交繁殖的后代，这样的架子牛体形大、增重快、肉质好。

（2）选择荷斯坦架子牛公牛或荷斯坦牛与本地牛的杂交后代，这样的架子牛生长快、饲料报酬高。

（3）选择优良地方黄牛品种，这样的架子牛增重虽比不上杂交牛，虽然增重速度慢，育肥期较长，但肉质好。

（4）选择普通地方黄牛。

（5）选择种用淘汰牛、奶用淘汰牛、老残牛等。

2.架子牛杂交后代的识别

（1）西门塔尔杂一代。体格高大，肌肉丰满，骨粗。毛色为红白花或黄白花，头面部为红白花或黄色花，有角。体躯深宽高大，结构匀称，体质结实，肌肉发达。乳房发育良好，体形向乳肉兼用型方面发展。

（2）夏洛来杂一代。毛色为灰白色、草白色，有的呈黄色（或奶油白色），有角。体格高大，肌肉丰满，背腰宽平，臀、股、胸肌发达，四肢粗壮，体质结实，呈肉用型。

（3）安格斯杂一代。体格不太高大，肌肉肥满，毛色以黑色居多，无角者居多。

（4）利木赞杂一代。毛色多为红色，有时腹下、四肢内侧带点白色，有角。体格较高大，肌肉肥满，体躯较长，背腰平直，后躯发育良好，四肢稍短，呈肉用型。

（5）荷斯坦杂一代。体格高大，肌肉欠丰满，乳房大。毛色为黑色，有时腹下、四蹄上部、尾梢为白色，角尖多为浅色或黑色，纯种为黑色。

3.架子牛体重、年龄、性别的选择

（1）目前架子牛的育肥大多选择在2岁以内，最迟不超过36月龄。这个年龄的架子牛能适应不同的饲养管理环境，牛肉质量较高，在市场出售时较有利。

（2）性别影响牛的育肥速度。在同样的饲养条件下，公牛生长最快，阉牛次之，母牛最慢。挑选时主要查看其生殖器官。

（3）如果需要在3个月短期快速育肥，最好选体重350～400 kg架子牛；如果是

6个月育肥期，则以选购体重300 kg左右架子牛为佳。

4.架子牛体形外貌的选择

（1）从整体上看，体躯深长，体形大，脊背宽，背部宽平，胸部、臀部成一条线；顺肋、生长发育好、健康无病。无论侧望、上望、前望和后望，体躯应呈“长矩形”，体躯低垂，皮薄骨细，紧凑而匀称，皮肤松软、有弹性，被毛密而有光亮。

（2）从局部来看，头部重而方形；嘴巴宽大，前额部宽大；颈短，鼻镜宽，眼明亮。前躯要求头较宽而颈粗短。十字部的高度要超过肩顶，胸宽而丰满，突出于两前肢之间，肋骨弯曲度大而肋间隙较窄；鬐甲宜宽厚，与背腰在一直线上。背腰平直、宽广，臀部丰满且深，肌肉发达，较平坦；四肢端正、粗壮，两腿宽而深厚，坐骨端距离宽。牛蹄子大而结实，管围较粗；尾巴根粗壮。皮肤宽松而有弹性；身体各部位发育良好，匀称，符合品种要求；身体各部位齐全，无伤疤。

（3）应避免选择有如下缺点的肉用牛：头粗而平，颈细长，胸窄，前胸松弛，背线凹，斜尻，后腿不丰满，中腹下垂，后腹上收，四肢弯曲无力，“O”形腿和“X”形腿，站立不正。

5.价格核算

牛的成本，除去牛的本身价格，还应包括各种税费、交易手续费、检疫费、出境费用、运输费用、运输损失等。收购前，要逐项了解和估算，测算肥育过程中的费用、屠宰后费用及出售产品后的收入，对收支情况应心中有数，确定收购牛的最低价格。

6.收购和转运前的准备

（1）做好与架子牛产地的联系。跟有关部门商定好收购办法，确定收购标准如品种、性别、年龄、最低体重、健康状况等；收购方法如按体重或按个计价；不能马上转运时，寄存办法等；收购数量；支付方式等。为减少麻烦，最好将可能遇到的问题及解决办法以合同的形式确定下来。

（2）备齐各种手续及出境证件。主要有：准运证、税收证、兽医卫生健康证（包括非疫区证明、防疫证、检疫证）、消毒证及自产证等。

7.牛的运输

转运牛只，要选择适宜的运输方式和季节。常用的是汽车、火车。以汽车运输为多，较为便捷，节省费用。长途运输，管理不善，牛的应激反应大，损失多，到肥育场适应期较长。一般酷暑和严寒季节不宜运输。

（1）合理装载。车厢扎车架，车架要结实、牢固。一般4 m长车厢分成2段，8 m长车厢分成3段，10 m长车厢分为4段。保证每头牛占有适当面积，不得太拥挤。每头牛的占有面积，牛只在300 kg以下的，0.7～0.8 m^2/头；300～350 kg，1～1.1 m^2/头；400 kg，1.2 m^2/头；500 kg，1.3～1.5 m^2/头；牛头尾错开装车，防止相互影响。车厢底部垫草或土，土以沙壤土为好，厚度以15～20 cm为宜。装车时每头牛用绳子拴在车架上，待行车20～30 km后放开（卸下或盘在牛角上）。大小、强弱不同的牛分开装车。

（2）合理饲喂。装运前3～4 h，停喂轻泻性强的饲料如麸皮、青贮等，限制饮水，以防止腹泻、排尿过多污染车厢，影响牛只健康。途中要补充饮水，饲料以优质干草为好，且不要喂得太饱，以七八成饱为宜。

（3）预防运输应激反应。首先运输时要匀速行驶，禁急刹车、急转弯、防颠簸；其次要药物预防，常用的有：口服或注射维生素A。运输前2～3 d，每头牛每日口服或注射维生素A 25万～100万IU单位。注射氯丙嗪。装运前，肌内注射，每100 kg活重剂量为浓度2.5%氯丙嗪1.7 mL。

步骤二 撰写实训报告

要求：对架子牛的选择过程和结果进行详细描述。

架子牛选择实训报告表

姓名：____________ 班级：____________ 内容：____________ 日期：____________

实训目的	
实训材料	
实训步骤	
结果分析	
学习体会	
教师评价	教师签字： 年　　月　　日

实训评价

实训评价表

评价项目	分值	扣分依据	自评分值	小组评分	教师评分	掌握程度
理论要点	10 分	描述错误不得分				基本 / 熟练
分析过程	10 分	错误不得分				基本 / 熟练
品种选择	40 分	错误 1 处扣 5 分				基本 / 熟练
后代识别	20 分	错误 1 处扣 5 分				基本 / 熟练
架子牛选择	10 分	错误不得分				基本 / 熟练
结果分析	10 分	错误不得分				基本 / 熟练
总计	100 分					

项目三

牛的营养及饲料调制

实训三十 饲料的青贮（2学时）

任务描述

根据青贮饲料的制作流程，用青贮袋制作出青贮饲料。

实训目的

（1）根据饲料原料的实际情况，制作出质量合格的青贮饲料。

（2）能正确鉴定青贮饲料的质量和合理使用青贮饲料。

实训要求

（1）制作青贮饲料必须压实。

（2）必须密封和管护好青贮饲料。

（3）用多少取多少，取用后及时用塑料薄膜覆盖。

（4）本实训有条件时可以在养殖场的青贮窖中完成，无条件时可以用青贮袋完成。

（5）学生能够严格按照实训步骤规范、安全地完成实训操作，认真撰写实训报告。

实训准备

养殖场、青贮窖（池）、塑料袋、铡刀或切碎机、塑料薄膜、运输工具、玉米、青草等。

实训筹划

（1）复习青贮饲料的制作程序。

（2）做好制作前的检查、准备工作。

（3）制作过程要严谨、认真。

（4）分小组进行讨论，反复操作并对操作过程进行详细描述。

（5）在学生操作过程中教师须做全程评价，操作完成后学生须对实习过程进行小结。

（6）撰写实训报告。

实训步骤

步骤一 进行实训操作

1. 窖址的选择

如果本地区大量制作饲料时通常选择青贮窖，那么制作青贮饲料的窖址应选在地势干燥、土质坚实、地下水位低、靠近畜舍、远离水源和粪坑的地方。没有条件情况下，可以选择密封、避光专用袋。

2. 青贮原料含水量的感官鉴定

一般青贮原料的含水量应为65%～75%，质地粗硬的原料含水量可提高到75%～78%。

3. 刈割

原料的刈割时期选择应考虑产量、可消化营养物质、含水量、牧草的再生、天气等情况。玉米青贮，可在蜡熟期刈割。

4. 切碎

玉米等粗茎植物须切成0.5～2 cm长，禾本科牧草、豆科牧草、叶菜类原料须切成2～5 cm长。切碎有利于排除原料间隙中的空气，创造厌氧环境，提高青贮饲料品质。一些柔软幼嫩的植物也可以不切碎。原料的含水量越低，切得越短；反之，则可切得长一些。

5. 装填

青贮原料应一边切碎、一边装填。如选择青贮窖，则在装填前，需在窖底铺一层10～15 cm切短的秸秆或软草，窖壁四周铺一层塑料薄膜。青贮原料要一层一层地装匀铺平。一个青贮窖要在2～5 d内装满，装填时间越短越好。

6. 压实

青贮原料一层一层铺平、一层一层踩实，使之形成厌氧环境。如果选择青贮窖，则在装填原料时，必须用拖拉机或人力层层压实，尤其在窖或壕的边缘及四角等拖拉机漏压或压不到的地方，一定要人为踩实。压得越实越易造成厌氧环境，越有利于乳酸菌的繁殖。

7. 密封

将塑料袋口用绳子扎紧，防止漏气。如果选择青贮窖，则原料装填完毕立即封窖，以避免空气与原料的接触，防止雨水进入。将原料装至高出窖面0.6 m左右，在原料的上面盖一层10～20 cm切短的秸秆或牧草，盖上塑料薄膜后再盖上30～50 cm的土，踩踏成屋脊型。另外，在四周约1 m处挖排水沟。

8. 管护

将塑料袋放到干燥、背光的地方，经常检查，发现塑料袋有破损、漏气的及时密封。经过30 d左右，即可开袋取用。如选择青贮窖，则密封后经常检查，发现有裂缝、漏气时，要及时盖土压实，杜绝透气并防止雨水渗入。

步骤二 进行青贮饲料的品质鉴定

（1）取样。根据塑料袋青贮饲料的数量确定取样点，每个点取 5 ～ 8 cm厚的青贮饲料块，混合均匀。

（2）感官鉴定。根据青贮饲料的颜色、气味、质地，按表 30-1 中的标准评定其品质等级。

表 30-1 青贮饲料感官鉴定标准

等级	颜色	酸味	气味	质地
优良	黄绿色、绿色	较浓	芳香，曲香味	柔软湿润，保持茎、叶、花原状，松散
中等	黄褐色、墨绿色	中等	芳香味弱，稍有酒精或醋酸味	基本保持茎、叶、花原状，水分稍干或稍多
低劣	褐色、黑色	很淡	有腐臭味	茎叶结构保存极差，干燥松散或黏结成块

（3）青贮 30 ～ 40 d后即可取用。取用顺序为青贮壕逐段取用，青贮窖分层取用，青贮袋每次取用后封口。

（4）青贮窖开启后，应每天连续取用，用多少取多少。取用后及时用塑料薄膜覆盖，避免日晒、雨淋、漏气造成的二次发酵，造成损失。青贮饲料表层变质时，应及时取出废弃，以免引起牛中毒或其他疾病。

步骤三 撰写实训报告

要求：写出青贮饲料的制作、品质鉴定及使用方法。

饲料的青贮实训报告表

姓名:____________ 班级:____________ 内容:______________ 日期:______________

实训目的	
实训材料	
实训步骤	
结果分析	
学习体会	
教师评价	教师签字: 年　　月　　日

实训评价

实训评价表

评价项目	分值	扣分依据	自评分值	小组评分	教师评分	掌握程度
理论要点	10 分	描述错误不得分				基本 / 熟练
准备工作	10 分	错误不得分				基本 / 熟练
实践操作	40 分	错误 1 处扣 5 分				基本 / 熟练
操作描述	20 分	错误 1 处扣 5 分				基本 / 熟练
项目总评	10 分	错误不得分				基本 / 熟练
整理数据	10 分	错误不得分				基本 / 熟练
总计	100 分					

实训三十一 秸秆氨化（2学时）

任务描述

根据制作流程制作氨化秸秆。

实训目的

学会制作和使用氨化饲料。

实训要求

（1）添加尿素和水的量必须计算准确。

（2）尿素溶液要喷洒均匀。

（3）密封后要随时检查，发现漏气应及时修补。

（4）饲喂前必须释放氨气，氨味消失后再喂牛。

实训准备

氨化池（壕、窑）、塑料袋、扎口绳、尿素、秸秆、秤、标签、铡刀或剪刀、普通天平、搪瓷盘、烧杯和量筒等。

实训筹划

（1）复习青贮饲料及氨化饲料的制作程序。

（2）做好制作前的检查、准备工作。

（3）制作过程要严谨、认真地完成。

（4）分小组进行讨论，反复操作并对操作过程进行详细描述。

（5）在学生操作过程中教师须做全程评价，操作完成后学生须对实习过程进行小结。

（6）撰写实训报告。

实训步骤

步骤一 进行实训操作

（1）选择好秸秆、干黄草。

（2）尿素添加量按秸秆重量的3%～5%计算。

（3）按秸秆含水量25%～35%计算加水量，用计算得到加水量溶解尿素，制成尿素溶液。

（4）袋装氨化法。将秸秆切短至3～5 cm；将尿素溶液均匀喷洒到秸秆上，然后装入塑料袋，扎紧袋口，贴好标签。

（5）堆垛氨化法。在平整地面上铺放塑料薄膜，在塑料薄膜上堆放切短的秸秆，一边堆垛一边喷洒尿素溶液。堆好后盖塑料薄膜，并使上部薄膜与下部薄膜密切接触，薄膜下脚压土，并将整个垛用绳索固定。

（6）埋置式氨化法。采用壕、池、窑为氨化设备，氨化时清除壕、池、窑底部的泥土和积水，在底部和四周铺放塑料膜，将尿素溶液均匀喷洒到秸秆上，然后一边装填一边压实，尽量排出四周秸秆中的空气，装满后密封。应随时检查，发现漏气时及时修补。

（7）取用时间为气温20～30 ℃下，需要20～30 d；气温低时，氨化时间相应延长。

（8）放氨。饲喂前释放氨气1～2 d，以氨味基本消失为宜，存放期间不应加氨。

（9）饲喂观察。用氨化的秸秆喂牛，要观察牛的生长情况及氨化秸秆的适口性。

步骤二 撰写实训报告

要求：描述秸秆氨化的制作过程、使用方法及饲喂效果。

秸秆氨化实训报告表

姓名:＿＿＿＿＿＿ 班级:＿＿＿＿＿＿ 内容:＿＿＿＿＿＿ 日期:＿＿＿＿＿＿

实训目的	
实训材料	
实训步骤	
结果分析	
学习体会	
教师评价	教师签字: 年　　月　　日

实训评价

实训评价表

评价项目	分值	扣分依据	自评分值	小组评分	教师评分	掌握程度
理论要点	10 分	描述错误不得分				基本 / 熟练
准备工作	10 分	错误不得分				基本 / 熟练
实践操作	40 分	错误 1 处扣 5 分				基本 / 熟练
操作描述	20 分	错误 1 处扣 5 分				基本 / 熟练
项目总评	10 分	错误不得分				基本 / 熟练
整理数据	10 分	错误不得分				基本 / 熟练
总计	100 分					

实训三十二 肉牛的日粮配合（2学时）

任务描述

掌握肉牛的日粮配合。

实训目的

熟悉肉牛日粮配合的原则，掌握日粮配合的方法和步骤。

实训要求

（1）配合好的日粮适口性要好，牛喜欢吃，不影响消化。

（2）配合好的日粮价格要低廉。

实训准备

牛的饲养标准、饲料营养成分表、计算器等。

实训筹划

（1）复习肉牛营养的需要，按肉牛营养需求制作日粮。

（2）结合试差法、对角线法、方程式法逐一计算，计算过程要严谨、认真。

（3）分小组进行讨论，反复操作并对操作过程进行详细描述。

（4）在学生操作过程中教师须做全程评价，操作完成后学生须对实习过程进行小结。

（5）撰写实训报告。

实训步骤

步骤一 实训操作

为体重 200 kg 的生长育肥牛配制日粮，要求每头牛日增重 1.2 kg，饲料原料用玉米、棉籽饼、麦麸和小麦秸等，配制步骤如下。

1. 查饲养标准

根据饲养标准表查出体重 200 kg，日增重1.2 kg所需的各种营养成分（表 32-1）。

表 32-1　体重 200 kg，日增重 1.2 kg 育肥牛所需的各种营养成分

体重 / kg	预期日增重 /kg	日粮干物质 /kg	肉牛能量单位 /RND①	综合净能 /（MJ/kg）	粗蛋白质 / g	钙 /g	磷 /g
200	1.20	6.03	4.00	32.30	778	40	17

2. 查饲料营养成分

从饲料营养成分表中查出每千克所用饲料营养成分含量（表 32-2）。

表 32-2　所用饲料营养成分含量

饲料名称	干物质 /%	肉牛能量单位 / RND	综合净能 /（MJ/kg）	粗蛋白质 /g	钙 /g	磷 /g
玉米	88.40	1.00	8.06	86.0	0.8	2.1
麦麸	88.60	0.73	5.86	144.0	1.8	7.8
棉子饼	89.60	0.82	6.62	325.0	2.7	8.1
小麦秸	90.60	0.20	1.85	47.0	2.0	1.0
磷酸氢钙	—	—	—	—	232	186.0
石粉	—	—	—	—	350.0	—

3. 确定日粮组成原料

初步计算各种饲料原料用量，计算初配日粮营养成分，并与营养需要进行比较（表 32-3）。

表 32-3　初配日粮营养成分与营养需要比较

饲料名称	初配用量 / kg	干物质 / kg	肉牛能量单位 /RND	粗蛋白质 / g	钙 / g	磷 / g
小麦秸	3.0	2.718	0.60	141	6.0	3.0
玉米	2.5	2.210	2.50	215	2.0	5.3
麦麸	1.0	0.886	0.73	144	1.8	7.8
棉子饼	0.5	0.448	0.41	163	1.4	4.1
合计	7.0	6.262	4.24	663	11.2	20.2
与标准相差	—	+0.232	+0.24	−115	−28.8	+3.2

4. 平衡日粮

通过营养比较，发现初配日粮粗蛋白质不足，而能量略高一些。

5. 分析

调整配方组成，用含蛋白质较高的棉子饼取代玉米，这样既可以增加配方中粗蛋

① Energy unit of beef。

白质含量，又可以降低能量水平。通过棉子饼与玉米之间的粗蛋白质含量差值，计算出需要增加的棉子饼数量。计算方法：棉子饼的增加量(kg)=a/(b-c)。其中，a为初拟配方与饲养标准粗蛋白质相差千克数，b为每千克棉子饼含粗蛋白质千克数，c为每千克玉米含粗蛋白质千克数。经上述公式计算，即0.115/(0.325-0.086)=0.48(kg)，调整后的配方为棉子饼增加0.48 kg，玉米减少0.48 kg。能量和粗蛋白质基本满足，调整后的日粮配方见表32-4。

表 32-4　调整后的日粮配方

饲料名称	用量 / kg	干物质 / kg	肉牛能量单位 /RND	粗蛋白质 / g	钙 / g	磷 / g
小麦秸	3.00	2.718	0.60	141	6.0	3.0
玉米	2.02	1.786	2.02	174	1.6	4.2
麦麸	1.00	0.886	0.73	144	1.8	7.8
棉子饼	0.98	0.878	0.80	319	2.6	7.9
合计	7.00	6.268	4.15	778	12	22.9
与标准相差	—	+0.238	+0.15	0	-28.0	+5.9

6. 补充矿物质

在配方中磷含量高5.9 g可不予考虑，钙含量不足可用石粉补充，可用差值除以石粉中含钙量，即28/0.35=80(g)，钙含量的差额用80 g石粉补足。另外，尚需添加食盐和微量元素、维生素预混料，食盐按精料的1%～2%，微量元素、维生素预混料按精料的1%添加，即食盐约为0.006 kg、预混料0.04 kg。

7. 确定饲料配方

最后，饲料配方的组成为：小麦秸秆3.0 kg，玉米2.02 kg，麦麸1.00 kg，棉子饼0.98 kg，石粉0.08 kg，食盐0.06 kg，预混料0.04 kg。

步骤二　饲料评价

评价日粮时必须遵循科学、实用、经济和安全的原则，有条件的可以分小组进行分组饲喂对比，无饲喂条件的则根据经验进行评价。

(1)配合日粮要以饲养标准为基础，在此基础上根据饲养实践和生长情况灵活掌握。

(2)日粮组成要多样化，发挥其营养互补作用。

(3)日粮需符合牛的消化特点，以青、粗饲料为主，搭配精料。日粮既要让牛吃得下，又能吃得饱。

(4)配合日粮的饲料种类应保持相对稳定，以防引起牛的消化道疾病。

(5)配合日粮的适口性要好。

(6)配合日粮选用的饲料应资源充足、保障供给，价格低廉、降低成本。

(7)配合日粮应对牛体及其产品无不良影响。

步骤三 撰写实训报告

要求:(1)根据当地饲料资源，给不同生理阶段的肉用牛设计一个日粮配方，并写出全部计算过程。

(2)用玉米、棉籽饼、麦麸和小麦秸等为体重 150 kg的生长肥育牛配制日粮，要求每头牛日增重 1.0 kg。

肉牛的日粮配制实训报告表

姓名:______ 班级:______ 内容:______ 日期:______

实训目的	
实训材料	
实训步骤	
结果分析	
学习体会	
教师评价	教师签字: 年 月 日

实训评价

实训评价表

评价项目	分值	扣分依据	自评分值	小组评分	教师评分	掌握程度
理论要点	10 分	错误不得分				基本 / 熟练
计算过程	10 分	错误不得分				基本 / 熟练
计算讲解	30 分	错误 1 处扣 5 分				基本 / 熟练
计算结果	30 分	错误 1 处扣 5 分				基本 / 熟练
整理数据	10 分	错误不得分				基本 / 熟练
总计	100 分					

奶牛日粮配方设计（2学时） 实训三十三

任务描述

掌握奶牛的日粮配合。

实训目的

熟悉奶牛日粮配合的原则，掌握日粮配合的方法和步骤。

实训要求

（1）选择饲料原料时应注意充分利用当地质量有保证、价格低廉的饲料资源。

（2）设计奶牛日粮配方时，应限量使用含有毒成分的饲料原料，日粮的体积和适口性应符合奶牛的需要。

实训准备

奶牛饲养标准、奶牛常用饲料的成分与营养价值表、计算器等。

实训筹划

（1）复习奶牛的营养需求，按奶牛营养需求制作日粮。

（2）结合试差法、对角线法、方程式法逐一计算，计算过程要严谨、认真。

（3）分小组进行讨论，反复操作并对操作过程进行详细描述。

（4）在学生操作过程中教师须做全程评价，操作完成后学生须对实习过程进行小结。

（5）撰写实训报告。

实训步骤

步骤一 实训操作

（1）估算奶牛体重，了解奶牛的生理状况和生产性能。

（2）查阅奶牛饲养标准，计算营养需求量。

（3）选择可用的饲料原料，了解饲料价格，从奶牛常用饲料的成分与营养价值表中查出营养成分含量。

（4）确定粗饲料与精饲料的比例。

（5）进行粗饲料配方设计，计算粗饲料的营养指标。

（6）对照奶牛的营养需求量，确定精饲料的营养指标。

（7）进行精饲料配方设计。

（8）将粗饲料配方与精饲料配方合并，计算总营养指标，然后与奶牛的营养需求量进行对比，按照“多减少补”的原则调整。

（9）计算奶牛日粮配方的原料成本，若不符合生产实际要求，则重复步骤（5）～步骤（9），直至符合要求。

例如，某奶牛场成年奶牛的平均体重为550 kg，日产奶量22 kg，乳脂率3.5%。该奶牛场有羊草、玉米青贮、玉米、豆饼、小麦麸、磷酸氢钙、石粉和食盐等饲料。试为该场奶牛设计日粮配方。

步骤二 进行饲料评价

评价日粮时必须遵循科学、实用、经济和安全的原则，有条件的可以分小组进行分组饲喂对比，无饲喂条件的则根据经验进行评价。

（1）配合日粮要以饲养标准为基础，在此基础上根据饲养实践和生长情况灵活掌握。

（2）日粮组成要多样化，发挥其营养互补作用。

（3）日粮需符合奶牛的消化特点，以青、粗饲料为主，搭配精料。既要让牛吃得下，又能吃得饱。

（4）配合日粮的饲料种类应保持相对稳定，以防引起奶牛的消化道疾病。

（5）配合日粮的适口性要好。

（6）配合日粮选用的饲料应资源充足、保障供给，价格低廉、降低成本。

（7）配合日粮应对牛体及其产品无不良影响。

步骤三 撰写实训报告

要求：根据当地饲料资源，给不同生理阶段的奶牛设计一个日粮配方，并写出全部计算过程。

奶牛日粮配方设计实训报告表

姓名:____________ 班级:____________ 内容:______________ 日期:_____________

实训目的	
实训材料	
实训步骤	
结果分析	
学习体会	
教师评价	教师签字: 年 月 日

实训评价

实训评价表

评价项目	分值	扣分依据	自评分值	小组评分	教师评分	掌握程度
理论要点	10 分	描述错误不得分				基本 / 熟练
计算过程	10 分	错误不得分				基本 / 熟练
计算讲解	40 分	错误 1 处扣 5 分				基本 / 熟练
计算结果	30 分	错误 1 处扣 5 分				基本 / 熟练
整理数据	10 分	错误不得分				基本 / 熟练
总计	100 分					

项目四

牛繁殖技术

实训三十四 母牛的发情鉴定（2学时）

任务描述

掌握常用母牛发情鉴定的方法，熟练掌握直肠检查方法。

实训目的

掌握常用母牛发情鉴定的方法和判定标准，判断适宜的输精时间。

实训要求

（1）母牛发情时有爬跨和被爬跨的征兆，应正确区分。

（2）直肠检查时应胆大心细，严格遵守直肠检查注意事项。

（3）触摸卵泡发育程度时应细心操作，并掌握各期特点。

（4）学生能够严格按照实训步骤规范、安全地完成实训操作，认真撰写实训报告。

实训准备

保定栏、发情母牛、脸盆、石蜡油、肥皂、消毒液、内窥镜等。

实训筹划

（1）复习牛发情鉴定的方法，如外部观察法、直肠检查法、阴道检查法、试情法、电测法、黏液分析法、孕酮含量测定法等，需熟悉前三种方法。

（2）做好鉴定发情牛的准备工作。

（3）按前三种方法逐一鉴定，鉴定过程要严谨、认真。

（4）分小组进行讨论，反复操作并对操作过程进行详细描述。

（5）在学生操作过程中教师须做全程评价，操作完成后学生须对实习过程进行小结。

（6）撰写实训报告。

实训步骤

步骤一 进行外部观察法操作

1. 观察方法

先远观后近观，主要对以下 3 方面进行观察。

（1）是否有爬跨、转圈、尾随、弓腰举尾、频繁排尿、常常哞叫等行为动作。

（2）是否有精神兴奋不安、眼光锐敏、巡视周围情况、食欲减退、反刍时间减少、产奶量下降等情况。

（3）外阴部是否充血肿胀、有黏液、皱纹消失。

2. 判断依据

出现上述行为动作、精神状态、外阴部状态的母牛可判断为疑似发情。

（1）发情初期，阴门肿胀，前庭充血，阴门变红，子宫颈和阴道分泌一种水样的稀的分泌物。此时，母牛表现紧张，食欲减退，容易在圈舍内乱跑，多爬跨其他母牛，但不接受爬跨。

（2）发情中期，阴唇黏膜呈紫红色，黏液多而浓。发情母牛食欲显著下降，甚至不吃，爬跨其他母牛，也接受其他牛爬跨，被爬跨时，静立不动，出现“稳栏”反应。母牛发情持续 12 ～ 18 h，排卵发生在发情开始后的 30 h。

（3）发情后期，此时母牛变得安静，精神抑郁，阴户肿胀减退，食欲逐渐恢复正常，拒绝其他母牛接近和爬跨。

步骤二 进行直肠检查法操作

1. 母牛的准备

将母牛保定在保定架内。

2. 术者的准备

检查者应将指甲剪短磨光，清洗手臂并涂抹润滑剂。

3. 检查方法

检查者将左手五指并拢成锥形，缓慢地伸入牛的肛门掏出直肠内的蓄粪，再将手伸入直肠，手掌伸平、掌心向下并左右抚摸。当触摸到骨盆底部时，可以摸到如软骨样较硬的子宫颈。摸到子宫颈后不要放开，手指顺子宫颈向前移动，可摸到子宫体、角间沟。将手指向前伸至子宫角分叉处，移至右侧子宫角，向前并向下在子宫角尖端外侧处即可摸到卵巢。这时，可将卵巢握在手指内用指肚仔细触诊卵巢大小、质地、形状和卵泡发育情况。触摸完右侧卵巢后不要放开子宫角，将手指向相反方向移至子宫角分叉处，以同样顺序触摸左侧子宫角和卵巢。母牛正常卵巢的大小近似小拇指至鸽蛋，卵泡在卵巢内发育。

4. 判断依据

（1）卵泡出现期。卵巢稍增大，卵泡部分突出在卵巢的表面，直径 0.5 ～ 0.75 cm，触之为一软化点，波动不明显，这时的牛已开始表现出发情。

（2）卵泡发育期。卵泡增大到1～1.5 cm，突出在卵巢表面呈小球形，触之有弹性，波动明显。母牛前半期发情表现明显，后半期发情表现不太明显。

（3）卵泡成熟期。卵泡不再增大，但卵泡壁变薄，紧张性和波动性增强，有一触即破之感。这时的母牛发情表现减弱，拒绝爬跨。

（4）排卵期。卵泡壁破裂排出卵子，卵泡液流出，泡壁变为软皮样，触之有小凹陷感觉。排卵后6～8 h，黄体开始生成，再也摸不到凹陷。

一般右侧卵巢排卵较多于左侧，夜间多于白天。

步骤三 撰写实训报告

要求：根据观察和检查结果，分析发情征兆，确定输精时间，将直肠检查时触摸到的卵巢变化特征记录到实习报告中。

牛的发情鉴定实训报告表

姓名:__________ 班级:__________ 内容:__________ 日期:__________

实训目的	
实训材料	
实训步骤	
结果分析	
学习体会	
教师评价	教师签字: 年 月 日

实训评价

实训评价表

评价项目	分值	扣分依据	自评分值	小组评分	教师评分	掌握程度
理论要点	10 分	描述错误不得分				基本 / 熟练
准备工作	10 分	错误不得分				基本 / 熟练
实践操作	40 分	错误 1 处扣 5 分				基本 / 熟练
操作描述	20 分	描述错误 1 处扣 5 分				基本 / 熟练
项目总评	10 分	错误 1 处扣 5 分				基本 / 熟练
整理数据	10 分	错误 1 处扣 5 分				基本 / 熟练
总计	100 分					

实训三十五 牛的人工输精（6学时）

任务描述

掌握母牛输精的步骤，熟练掌握操作方法。

实训目的

掌握母牛直肠把握输精法的准备工作、输精部位、输精方法。

实训要求

（1）输精时，如母牛弓腰强烈努责，则暂停操作，绝不能强行输精，让助手捏母牛腰椎，缓和其腰部紧张。

（2）输精器插入子宫颈遇到阻力时，不能强行插入。

（3）注入精液时动作要慢，以减少对精子的机械性刺激。

（4）学生能够严格按照实训步骤规范、安全地完成实训操作，认真撰写实训报告。

实训准备

保定栏、发情母牛、水浴锅、输精器、消毒液、石蜡油、肥皂、脸盆、乳胶手套等。

实训筹划

（1）复习母牛发情鉴定和人工授精的相关知识，熟悉母牛直肠把握输精法。

（2）做好输精前的准备工作，包括发情母牛的准备、输精人员的准备、精液的准备等。

（3）按照输精方法进行严格操作。

（4）分小组进行讨论，反复操作并对操作过程进行详细描述。

（5）在学生操作过程中教师须做全程评价，操作完成后学生须对实习过程进行小结。

（6）撰写实训报告。

实训步骤

步骤一 做好发情鉴定前准备

1.发情母牛的准备

先将发情母牛保定（奶牛可在牛床上直接输精），尾系于一侧固定，外阴部用清水或0.1%高锰酸钾溶液洗干净。

2.输精人员的准备

输精人员将指甲剪短磨光，戴上一次性长臂手套，手心涂凡士林或石蜡油进行润滑。

3.精液的准备

从液氮罐内取一支冻精放入37 ℃温水10秒后取出，剪去密封口装入输精器中待用。

步骤二 实训操作

（1）输精人员将左手五指并拢成锥形，缓慢插入肛门排出直肠内的蓄粪。

（2）母牛的外阴部用清水或0.1%高锰酸钾溶液洗干净。

（3）用左手将阴门张开，右手持吸有精液的输精器自阴门向上倾斜插入一段，以避开尿道口，再平行插入，把输精器前端送到子宫颈外口处。

（4）再将左手插入直肠，把子宫颈后端轻轻固定在手内，然后两手配合，使输精器尖端插入子宫颈内5～8 cm处，注入精液。

（5）最后取出输精器，输精完毕。采用直肠把握输精方法，需要有较熟练的技术，才能使输精准确可靠，精液不易倒流。并且能及时发现母牛生殖道疾病，准确掌握卵泡发育的程度，确定适宜的输精时间，使母牛受孕率增高。

步骤三 撰写实训报告

要求：输精时记录好输精时间和输精剂量，初次输精后24 h内再补充输精一次，将操作心得记录到实训报告中。

牛的人工输精实训报告表

姓名:__________ 班级:__________ 内容:__________ 日期:__________

实训目的	
实训材料	
实训步骤	
结果分析	
学习体会	
教师评价	教师签字: 年　月　日

实训评价

实训评价表

评价项目	分值	扣分依据	自评分值	小组评分	教师评分	掌握程度
理论要点	10分	描述错误不得分				基本/熟练
准备工作	10分	错误不得分				基本/熟练
实践操作	40分	错误1处扣5分				基本/熟练
操作描述	20分	描述错误1处扣5分				基本/熟练
项目总评	10分	错误1处扣5分				基本/熟练
整理数据	10分	错误1处扣5分				基本/熟练
总计	100分					

牛的妊娠诊断（4学时）

实训三十六

任务描述

掌握母牛常用妊娠诊断的方法，熟练操作直肠检查方法。

实训目的

掌握母牛的早期妊娠诊断方法和诊断要点。

实训要求

（1）诊断时先查看资料，再询问配种时间，不确定时须进行外貌观察。

（2）直肠检查时应胆大心细，严格遵守直肠检查注意事项。

（3）妊娠期内常采用超声波检查法、直肠检查法、外部观察法等多种方法相结合进行诊断。

（4）学生能够严格按照实训步骤规范、安全地完成实训操作，认真撰写实训报告。

实训准备

保定栏、配种母牛、消毒液、润滑剂、毛巾、肥皂、瓷盆、长臂手套等。

实训筹划

（1）复习母牛妊娠诊断的方法，如外部观察法、直肠检查法、超声波探测法、血液孕酮水平测定法、阴道检查法、激素诊断法、眼球结膜血管诊断法、7%碘酊法，须熟悉前两种方法。

（2）做好妊娠母牛的准备工作。

（3）按前三种方法逐一鉴定，鉴定过程要严谨、认真。

（4）分小组进行讨论，反复操作并对操作过程进行详细描述。

（5）在学生操作过程中教师须做全程评价，操作完成后学生须对实习过程进行小结。

（6）撰写实训报告。

实训步骤

步骤一 外部观察法操作

1. 观察方法

先远观后近观。

2. 观察内容

母牛的全身状态和外生殖器官都有哪些生理变化，可以通过其外部表现观察出来。

3. 判断依据

母牛不再发情，性情变得安静、温顺，行动迟缓，食欲和饮水量增加，膘情好转，被毛光亮。

（1）妊娠初期，外阴部比较干燥，阴门紧缩，皱纹明显，横纹增多。

（2）妊娠5个月，后腹围增大，饮水后可在右腹壁见到胎动。泌乳量显著下降，脉搏、呼吸频率增加，排粪和排尿次数也增加。

（3）妊娠5个月后，乳房、乳头逐渐增大。

（4）产前1个月，荐椎位置下移，尾根两侧明显凹陷。

（5）产前半个月，乳房明显胀大，乳头变粗，个别牛乳房底部出现水肿。

步骤二 直肠检查法操作

1. 母牛的准备

将母牛保定在保定架内，用清水将肛门周围冲洗干净。

2. 检查者的准备

检查者应将指甲剪短磨光，清洗手臂并涂润滑剂。

3. 检查方法

通过直肠触摸卵巢与子宫角的变化来判断母牛是否妊娠，是一种早期妊娠诊断比较准确和常用的方法，同时在整个妊娠期内均可应用。这种方法可以大致判断妊娠时间的长短，是否为假妊娠和胎儿死活等情况，检查者应将左（右）手插入直肠，掏出直肠内的蓄粪，再进行检查。检查时，手伸向前下方先抓住子宫颈，再向前触摸子宫、卵巢、胎泡、胎儿、胎盘及子宫中动脉的变化，判断母牛是否妊娠。

4. 判断依据

（1）妊娠19～22 d即可进行直肠检查，这时摸不到胎泡，子宫变化也不显著。如果在卵巢上有发育成熟的黄体存在，即疑似妊娠；子宫若有明显的收缩反应，而无明显的黄体存在，一侧卵巢上有大于1 cm的卵泡，则说明正在发情；若摸到卵巢局部有凹陷，质地较软，可能刚排卵。这些都是未孕的表现。

（2）妊娠 30 d左右，母牛子宫角已不对称，孕角较空角略增粗，比较饱满有弹性，并略有液体波动感。用手轻轻按摩子宫时，感到非孕角的收缩力较强，而孕角无收缩力或轻微收缩。触摸孕角侧卵巢感觉到体积增大，有妊娠黄体存在；而未孕角侧卵巢呈圆锥形，体积要小些。

（3）妊娠 60 d左右，子宫颈由骨盆腔中部移至骨盆腔入口处，子宫角及卵巢开始垂入腹腔。孕角比宫角大 1 倍，紧张而有波动感，角间沟平坦，但仍可分辨。卵巢上妊娠黄体维持原状。

（4）妊娠 90 d，子宫角有 2/3 沉入腹腔，孕角已有婴儿头大小，液体波动感明显，子宫角间沟模糊不清，空角比未妊娠时增大 1 倍。孕角子宫壁可摸到由豌豆到蚕豆大的子叶，有时能摸到胎动，孕角一侧的子宫中的动脉根部如筷子粗细，可以感到有轻微的妊娠脉搏。

（5）妊娠 120 d，子宫已沉入腹腔深部，子叶逐渐增大如核桃或鸡蛋大小，子宫中的动脉变粗如拇指，并显示出妊娠脉搏。从此以后，由母牛的外部表现就可以确诊。

步骤三 撰写实训报告

要求：记录检查结果，判断母牛是否妊娠。

牛的妊娠诊断实训报告表

姓名:__________ 班级:__________ 内容:__________ 日期:__________

实训目的	
实训材料	
实训步骤	
结果分析	
学习体会	
教师评价	教师签字: 年　月　日

实训评价

实训评价表

评价项目	分值	扣分依据	自评分值	小组评分	教师评分	掌握程度
理论要点	10 分	描述错误不得分				基本 / 熟练
准备工作	10 分	错误不得分				基本 / 熟练
实践操作	40 分	错误 1 处扣 5 分				基本 / 熟练
操作描述	20 分	描述错误 1 处扣 5 分				基本 / 熟练
项目总评	10 分	错误 1 处扣 5 分				基本 / 熟练
整理数据	10 分	错误 1 处扣 5 分				
总计	100 分					

假阴道的制作技术（2学时）

实训三十七

任务描述

（1）掌握母牛假阴道的制作准备、安装操作程序与方法。

（2）学会采精前的调试。

实训目的

掌握母牛假阴道的构成，并能正确安装假阴道，加压、注水、检测后掌握假阴道的制作准备，安装操作程序与方法。

实训要求

（1）假阴道制作时，新的内胎要在温水中浸泡，便于制作。

（2）假阴道制作好后，要调试好温度和内胎结构。

（3）学生能够严格按照实训步骤规范、安全地完成实训操作，认真撰写实训报告。

（4）如若没有实训动物或实训条件不充足时，可利用相关视频进行一步步讲解，并对能实训的内容进行反复操作。

实训准备

假阴道外壳、内胎、活塞、集精瓶、量杯、水浴锅、热水、凡士林、水温计、玻璃棒、长柄镊、酒精棉球、0.9%氯化钠棉球。

实训筹划

（1）复习母牛假阴道安装的程序。

（2）做好制作前的检查、准备工作。

（3）制作过程要严谨、认真。

（4）分小组进行讨论，反复操作并对操作过程进行详细描述。

（5）在学生操作过程中教师须做全程评价，操作完成后学生须对实习过程进行小结。

（6）撰写实训报告。

实训步骤

步骤一 实训操作

1. 检查

检查内胎和外壳有无破裂、砂眼等，若出现砂眼则不能使用。

2. 套装

将内胎平展装入外壳内，两端伸出相等部分。将一端折叠固定在操作人员腹部，将另一端先行内翻，再用两手食指和中指插入并用力翻转套在外壳上平展，然后以同样方式将另一端翻转套在外壳上平展。安装完成后通过活塞向假阴道内吹入空气，使内胎呈内三角形，否则影响采精效果。

3. 清洗消毒

用 2% 碳酸氢钠溶液或洗衣粉水浸泡，然后按清洁度依次用毛刷由里向外清洗，再用自来水或清洁水冲洗干净晾干备用（急用时可用干净毛巾或纱布擦干），30 min 后用生理盐水棉球按由里向外的顺序擦拭 2 ～ 3 遍，消除酒精气味。

4. 注水

由注水孔向假阴道夹层注入 50 ～ 55 ℃热水，容量为夹层容量的 1/2 或 2/3，再安上气嘴活塞。

5. 吹气加压

由气嘴向假阴道夹层注入空气，压力以胎内鼓起呈三角形为宜。

6. 测温

将水温计由假阴道一端插入内胎深部测取温度，当温度上升时停止，维持 1 min 不再上升后读取度数，若水温低于要求，可加热水调节至适宜温度。采精温度范围为 38 ～ 40 ℃。

7. 安装采精瓶、涂抹润滑剂

测温后经气嘴放气，再在假阴道的一端安装采精瓶。用玻璃棒蘸取少许凡士林在假阴道的一端由外向里旋转涂抹。

8. 采精

安装好采精瓶后，由气嘴向假阴道内注入空气，使内胎呈三角形后便可用于采精。

步骤二 撰写实训报告

要求：写出制作过程及体会。

牛假阴道的制作技术实训报告表

姓名：____________ 班级：____________ 内容：______________ 日期：____________

实训目的	
实训材料	
实训步骤	
结果分析	
学习体会	
教师评价	教师签字： 年　　月　　日

实训评价

实训评价表

评价项目	分值	扣分依据	自评分值	小组评分	教师评分	掌握程度
理论要点	10 分	描述错误不得分				基本 / 熟练
准备工作	10 分	错误不得分				基本 / 熟练
实践操作	40 分	错误 1 处扣 5 分				基本 / 熟练
操作描述	20 分	描述错误 1 处扣 5 分				基本 / 熟练
项目总评	20 分	错误 1 处扣 5 分				基本 / 熟练
总计	100 分					

实训三十八 公牛的采精技术（2学时）

任务描述

掌握牛的假阴道采精法。

实训目的

学会采精操作程序与方法。

实训要求

（1）台畜的选择可以为假台牛，也可选择发情母牛。

（2）公牛采精前要进行调教，采精实训 1 学时内 1 头牛不超过 2 次。

（3）公牛采精要在安静的环境中操作。

（4）学生能够严格按照实训步骤规范、安全地完成实训操作，认真撰写实训报告。

（5）如若没有实训动物或实训条件不充足时，可利用相关视频进行一步步讲解，并对能实训的内容进行反复操作。

实训准备

假阴道、台畜、种公畜等。

实训筹划

（1）复习母牛假阴道安装过程及采精的方法。

（2）将制作好的假阴道进行调试后采精。

（3）采精时要做好台畜及公牛的保定工作，便于顺利操作。

（4）分小组进行讨论，反复操作并对操作过程进行详细描述。

（5）在学生操作过程中教师须做全程评价，操作完成后学生须对实习过程进行小结。

（6）撰写实训报告。

实训步骤

步骤一 实训操作

（1）采精时，采精人员站在台牛的右后方或右侧。

（2）由饲养员将种畜牵引到台牛跟前。

（3）在公牛爬跨台牛的瞬间，采精人员迅速将假阴道靠在台牛尻部，使假阴道的长轴与公牛阴茎深入方向一致，用左手托起阴茎中后部，使其自然进入假阴道。

（4）当公牛体躯向前一冲时，意味着公牛已射精。

（5）当公牛射精完毕从台牛身上跳下时，采精人员须持假阴道跟进，收集最后一滴精液。

（6）当公牛阴茎自然脱离假阴道后，采精人员将假阴道竖起，打开气嘴放气后关闭气嘴，然后取下集精瓶（管），把精液送到镜检室备检。

步骤二 撰写实训报告

要求：记录采精量，将操作的心得体会记录到实训报告中。

公牛的采精技术实训报告表

姓名:__________ 班级:__________ 内容:__________ 日期:__________

实训目的	
实训材料	
实训步骤	
结果分析	
学习体会	
教师评价	教师签字: 年 月 日

实训评价

实训评价表

评价项目	分值	扣分依据	自评分值	小组评分	教师评分	掌握程度
理论要点	10 分	描述错误不得分				基本 / 熟练
准备工作	10 分	错误不得分				基本 / 熟练
实践操作	40 分	错误 1 处扣 5 分				基本 / 熟练
操作描述	20 分	描述错误 1 处扣 5 分				基本 / 熟练
项目总评	20 分	错误 1 处扣 5 分				基本 / 熟练
总计	100 分					

实训三十九 牛的采精及精液品质鉴定（2学时）

任务描述

（1）熟悉精液的基本特性及精液的外观性状检查方法。

（2）理解精子活力的概念，熟练掌握精子活力的检查方法，初步掌握用“十级一分制”评定精子活力。

（3）掌握用血细胞计数法检查精子的密度。

（4）明确精子形态检查的项目及意义。

实训目的

掌握精液的基本特性及精液的外观性状检查方法。

实训要求

（1）严格按实训要求对显微镜进行调试，并安装好恒温台。

（2）调适好目镜、物镜进行观察，一边观察一边记录（绘画）。

（3）学生能够严格按照实训步骤规范、安全地完成实训操作，认真撰写实训报告。

（4）如若没有实训动物或实训条件不充足时，可利用相关视频进行一步步讲解，并对能实训的内容进行反复操作。

实训准备

电子显微镜、载玻片、盖玻片、恒温载物台、冷冻精液或鲜精、纸、资料等。

实训筹划

（1）复习公牛的采精技术及精子结构。

（2）做好观察前的检查、准备工作。

（3）观察过程要严谨、认真地完成操作。

（4）分小组进行讨论，反复操作并对操作过程进行详细描述。

（5）在学生操作过程中教师须做全程评价，操作完成后学生须对实习过程进行小结。

（6）撰写实训报告。

实训步骤

步骤一 实训内容

1. 加强专业基础

对采集到集精杯里的精液进行感官检查，检查采精量、颜色、气味、云雾状并做好记录。

2. 精子的活力检查

调整好显微镜，用精液制作切片进行观察。将恒温器调整到 37 ℃，检查精子活力（精子活力又称活率，是指精液中作直线运动的精子占整个精子数量的百分比。活力是精液检查最重要指标之一，在采精后、稀释前后、保存和运输前后、输精前都要检查）。检查精子活力需借助显微镜，放大 200 ～ 400 倍，把精液样品放在显微镜下观察。

3. 精子的密度检查

精子密度是指单位体积（1 mL）精液内所含精子的数量，是评定精液品质的重要指标之一，可以利用估测法、血细胞计数法、光电比色法进行检查。

4. 精子的其他检查

包括检查精子的畸形率、精子顶体异常率、精子生存时间和生存指数、美蓝褪色试验等。

步骤二 撰写实训报告

要求：写出检查过程及画出观察到的正常精子和异常精子，并写出心得体会。

牛的采精及精液品质鉴定实训报告表

姓名：__________ 班级：__________ 内容：__________ 日期：__________

实训目的	
实训材料	
实训步骤	
结果分析	
学习体会	
教师评价	教师签字： 年　月　日

实训评价

实训评价表

评价项目	分值	扣分依据	自评分值	小组评分	教师评分	掌握程度
理论要点	10 分	描述错误不得分				基本 / 熟练
准备工作	10 分	错误不得分				基本 / 熟练
实践操作	40 分	错误 1 处扣 5 分				基本 / 熟练
操作描述	20 分	描述错误 1 处扣 5 分				基本 / 熟练
项目总评	20 分	错误 1 处扣 5 分				基本 / 熟练
总计	100 分					

项目五

牛场建设及牛舍布局

实训四十　牛场的选址（2学时）

任务描述

根据地图资料规划出牛场位置，并画出牛场的平面设计图。

实训目的

通过实训，掌握牛场选址的地形地势、气候、水源、交通和环保要求、原则及方法，画出平面牛场的设计图。

实训要求

（1）参阅有关资料并结合当地气候条件进行牛场的识别与评价。

（2）有条件参照设计图结合实地参观进行实训教学。

实训准备

地形地势图、交通运输图、气象情况、周围环境状况等资料。

实训筹划

（1）分析提供实训的某地区地图和气候情况，水源分布及水质检测报告，工农业发展状况和居民小区位置等资料。

（2）要求学生根据牛场选址的要求、原则，合理选择规模化牛场的地理位置并进行分析。

（3）分小组进行讨论，反复操作并对操作过程进行详细描述。

（4）在学生分析过程中教师须做全程评价，操作完成后学生须对图纸进行分析并设计出牛场规划设计图。

（5）在学生操作过程中教师须做全程评价，操作完成后学生须对实训过程进行小结。

（6）撰写实训报告。

实训步骤

步骤一 牛场选址操作

牛场的场址选择应根据交通运输、防疫要求，以及是否能够为牛创造良好的生长环境等因素进行。在建牛场之前，需要充分考虑空间要求和栋舍间距的要求，一般要求栋舍间距在 12 m以上，防雪间距在 15 m以上，防火间距在 25 m以上。另外，还可能需要更大的空间以保证在机械通风条件下风机的正常运行。

1. 场地要求

牛场最好建在地势平坦、干燥、向阳背风、空气流通好、地下水位低、易于排水的地方；土质最好是砂质土壤，透水透气性好；场区需要设置 2% ～ 5% 的排水坡度，用于排水、防涝。

2. 运输要求

运输距离越短越好。场址应综合考虑鲜奶运输、饲料供应、城市环境的交叉污染、城市建设发展规划等影响因素。

3. 安全、防疫要求

需要充分考虑防盗、防蓄意破坏和防故意放火的问题。牛场距离城市过近可能存在交叉污染问题。要求场址距离交通干线不少于 200 m，与居民点应保持不小于 200 m的防疫距离。而且，牛场应建在居民点的下风向，场址标高应高于贮粪池和污水处理等设施，并将场区建在其上风向。

4. 用水、用电要求

场址附近必须有充足的水源并能保证水质良好。

5. 风雪控制

充分利用现有树木、建筑、小山坡、干草堆等的防风作用，同时需要注意不能阻碍夏季的通风和排水。

步骤二 牛场布局操作

在牛场的建设和规划设计中，必须按照组成牛场部门功能的不同，合理规划布局。按照牛场功能不同，可以按照以下功能进行分区。

1. 行政管理区

宜设置在全场的上风向，一般靠近场部大门，以利于对外联系及防疫。

2. 生产区

生产区是牛场的主体部分。生产区的主体是牛舍，包括公牛舍、成年乳牛舍、产牛舍、育成牛舍、青年牛舍、犊牛舍等，以及挤奶厅和奶品处理间等。牛场的主要生产建筑应根据其联系，结合现场条件，再考虑光照、风向等环境因素进行合理布局。其中，成年乳牛舍常成为奶牛场的主要建筑群，而且数量最多。因犊牛容易感染疫病，故要设置在生产区的上风向。产牛舍与病牛舍是排菌集中的场所，所以需设置在生产区的下风向，并离其他牛舍有一定的距离。

3. 生产辅助区

生产辅助区包括饲料加工车间、兽医室、配电房、锅炉房等，一般设置在牛场的下风向。饲料库与饲料加工间应靠近场部大门，并有直接道路可以对外联系。兽医室要与人工授精室靠近，但不宜合建。牛场生产辅助区也要设置一定的面积，用来布置干草堆场和饲料贮放场等。在青贮料贮存季节，还要有一定的加工场地。生产辅助区与生产区要有道路相连，但要注意消毒防疫。

步骤三 撰写实训报告

要求：描述牛场的选址要求并能够正确认知牛场的平面规划图。

牛场的选址实训报告表

姓名:____________ 班级:____________ 内容:______________ 日期:____________

实训目的	
实训材料	
实训步骤	
结果分析	
学习体会	
教师评价	教师签字: 年 月 日

实训评价

实训评价表

评价项目	分值	扣分依据	自评分值	小组评分	教师评分	掌握程度
地形地势	10 分	错误 1 处扣 5 分				基本 / 熟练
水源水质	10 分	错误 1 处扣 5 分				基本 / 熟练
土质	10 分	错误 1 处扣 5 分				基本 / 熟练
气候	10 分	错误 1 处扣 5 分				基本 / 熟练
饲料资源	10 分	错误 1 处扣 5 分				基本 / 熟练
交通	10 分	错误 1 处扣 5 分				基本 / 熟练
防疫范围	10 分	错误 1 处扣 5 分				基本 / 熟练
供电设施	10 分	错误 1 处扣 5 分				基本 / 熟练
养殖规模	10 分	错误 1 处扣 5 分				基本 / 熟练
环保要求	10 分	错误 1 处扣 5 分				基本 / 熟练
总计	100 分					

奶牛场设计图的识别（2学时） 实训四十一

任务描述

根据牛场设计图及奶牛实际布局进行分析，独立制作出奶牛场设计图。

实训目的

能正确识别奶牛场建筑设计图，并能进行初步设计。

实训要求

（1）参阅有关资料并结合当地气候条件进行识别与评价。

（2）有条件的参照奶牛场设计图结合实地参观进行实训教学。

实训准备

不同类型奶牛场建筑工程图（包括总平面图、平面图、立面图、剖面图）。

实训筹划

（1）复习奶牛场的主要布局及其基础设施。

（2）对工程图进行分析，并与资料或实地参观的奶牛场进行对比，过程要严谨、认真。

（3）分小组进行讨论，反复操作并对操作过程进行详细描述。

（4）在学生分析过程中教师须做全程评价，操作完成后学生须对图纸进行分析并合理设计出奶牛场。

（5）在学生操作过程中教师须做全程评价，操作完成后学生须对实训过程进行小结。

（6）撰写实训报告。

实训步骤

步骤一 实训操作

（1）确认图纸的名称。图纸的名称通常被记载于右下角的图标框中，根据注明，可查知该图属于何种类型和整套图中的哪一部分。

（2）查看牛场总平面图的比例尺、方位方向及风向频率。

（3）按下列顺序和方法看图：由大到小，首先查看地形图，如地形图上的山丘、河流、森林、铁路、公路及工业区和住宅区所在地，并测量其相互间的距离；其次为总平面图、平面图、立面图、剖面图等，辨认图纸上所有的符号及标记。

（4）确认剖面图所剖视的部位。

（5）由外到内审查牛舍建筑物时，先看建筑物整体外观，再看建筑物的内部。如先明确牛舍的建筑形式、排列方式，而后是舍内布局。

（6）确定牛舍各部位尺寸。

按照上述方法和步骤，对所审查的图纸由粗而细，再由细而粗进行反复研究，并对牛舍的整体建筑规格及牛舍内部设施的规格尺寸进行辨识。

步骤二 撰写实训报告

要求：按实地参观和资料内容对主要参数及功能要求做出综合评价。

奶牛场设计图的识别实训报告表

姓名：__________ 班级：__________ 内容：__________ 日期：__________

实训目的	
实训材料	
实训步骤	
结果分析	
学习体会	
教师评价	教师签字： 年　　月　　日

实训评价表

评价项目	分值	扣分依据	自评分值	小组评分	教师评分	掌握程度
理论要点	10 分	描述错误不得分				基本 / 熟练
图纸识别	10 分	错误不得分				基本 / 熟练
实践分析	40 分	错误 1 处扣 5 分				基本 / 熟练
操作描述	20 分	描述错误 1 处扣 5 分				基本 / 熟练
牛舍设计	20 分	错误 1 处扣 5 分				基本 / 熟练
总计	100 分					

实训四十二 暖棚牛舍的设计与建造（2学时）

任务描述

熟悉暖棚牛舍的基本构造，并按照设计要求合理设计出暖棚牛舍。

实训目的

（1）暖棚牛舍的采光、保温、通风换气性能都必须良好。

（2）暖棚牛舍要坚固耐用，造价低廉。

实训要求

（1）参阅有关资料并结合当地气候条件进行识别与评价。

（2）有条件的参照设计图结合实地参观进行实训教学。

实训准备

（1）牛舍、牛舍建筑规划设计图纸等资料。

（2）皮卷尺、绘图尺、绘图纸等工具。

实训筹划

（1）复习牛舍的主要布局及其基础设施。

（2）对资料进行分析，与资料或参观的暖棚牛舍进行对比，过程要严谨、认真。

（3）分小组进行讨论，在牛舍用卷尺等进行测量并对测量过程进行详细描述。

（4）在学生分析过程中教师须做全程评价，操作完成后学生须结合资料设计暖棚牛舍。

（5）在学生操作过程中教师须做全程评价，操作完成后学生须对实习过程进行小结。

（6）撰写实训报告。

实训步骤

步骤一 暖棚牛舍设计

暖棚牛舍主要用于在寒冷的冬春季节养生，其设计原则是坚固耐用、采光、保温、通风换气性能良好。

1. 暖棚牛舍的采光

（1）暖棚牛舍的朝向直接影响其自然采光，根据北方地区冬季寒冷和时间长，多风且偏西北风的特点，牛舍应坐北朝南偏西 5° ～ 10°为宜。

（2）应适当增加暖棚牛舍的采光面积，采光面保持一定的弧度以增加光照时数和光照强度。

2. 暖棚牛舍的保温隔热

适当加大牛舍的跨度，选择保温隔热性能好、坚固耐用的建筑材料来建造墙体，注意地面的隔热。

3. 暖棚牛舍的通风换气

牛棚的通风换气方式有自然和机械 2 种，一般采用自然通风换气。自然通风换气时要设置进气孔和排气孔，一般进气孔设置在前沿墙下，形状为正方形；排气孔设置在屋顶处，形状为长方形。排气孔面积大于进气孔面积，进气孔数量应多于排气孔数量；进气孔和排气孔都要做成活动式的，可开可闭。

4. 塑膜暖棚的主要技术参数

（1）暖棚牛舍的规格一般以每头牛占有 1.6 ～ 1.8 m^2 为宜；规模养殖时以 30 ～ 50 头牛占 105 ～ 180 m^2 为宜。

（2）暖棚牛舍的跨度在冬季多雨雪的地区以 5 ～ 6 m 为宜，在雨雪少的地区以 7 ～ 8 m 为宜。

（3）暖棚牛舍的高度一般为 2.5 m（最高处）。

（4）暖棚牛舍的棚面要有一定的弧度，这样可以增加棚面的采光面积，增加棚舍的光照强度，并可增强棚面的牢固性，减少棚面摔打现象。

步骤二 暖棚牛舍建造

1. 暖棚牛舍的类型

根据暖棚牛舍的外形，可分为单斜面、双斜面、半拱圆形和拱圆形几种类型。

（1）单斜面棚。这种类型的暖棚，棚顶一面为塑膜（玻璃）覆盖面，另一面为土木结构的屋面。有后墙、山墙和前沿墙，中梁处最高，没有覆盖塑膜时呈半敞棚形状，半敞棚占整个棚的 1/2 ～ 2/3。有土木结构，也有砖混结构，建筑容易，结构简单，塑膜容易固定，抗风抗雪和保温性能好，造价低廉。一般多为单列式，适合规模不大的牛场使用。

（2）双斜面棚。这种类型的暖棚，棚顶两面均为塑膜（玻璃）所覆盖。四周有墙，中梁处最高，呈双列形状。中梁下面设置过道，两边设置牛床。塑膜（玻璃）由中梁向两边墙延伸。多为南北走向，光线上午从东棚面进入，下午从西棚面进入，日照时间长，光线均匀，四周低温带少，棚内温度高。但是，由于棚面比较平直，跨度大，建材要求严格，因此成本较高，抗风、耐压程度较差。适用于风雪较小的地方和较大规模的牛场。

（3）半拱圆形暖棚。这种类型的暖棚，由前沿墙、中梁、后墙、山墙、木椽、竹帘、草泥、油毛毡等构成。半敞棚一般占整个暖棚面积的 2/3，靠前沿墙留过道。扣膜时可用竹片由中梁处向前沿墙连成半拱圆形，上覆塑膜形成密闭的塑膜暖棚。这类棚采光系数大、结构简单、保温效果好、易建造，一般为单列式，适合规模不大的牛场使用。

（4）拱圆形棚。这种类型的棚顶全部覆盖塑料薄膜，呈半圆形，由山墙、前后墙、棚架和棚膜等组成。这类棚舍多为双列式。

2. 暖棚牛舍场地选择

暖棚牛舍场址宜选择在地形开阔、有足够的面积、地势高且干燥、平坦或有缓坡的地方。如果在坡地建棚，要求是向阳坡，坡度以1% ～ 3%为好，最大不宜超过25%。水源充足、水质清洁，土质好。周围无高大建筑物遮阳。交通方便，但与交通干线、居民点、工厂及其他牧场应保持适当的距离。

3. 暖棚牛舍的构造

各种类型暖棚牛舍的构造大致相同，均由基础、前沿墙、后墙、山墙、牛床、出入口、地窗、天窗、屋面、棚面、间柱、中梁等构成。

基础是承载整个暖棚牛舍重量的底座部分，一般由砂石和混凝土构成；前沿墙一般由砖或混凝土构成；后墙一般由土坯和草泥构成；山墙一般由砖、混凝土或土坯构成；牛床一般由混凝土构成；出入口一般由木材加工；地窗是在前沿墙距地面 5 ～ 10 cm 处留的进气孔；天窗是在屋面处留的排气孔；侧窗是在两山墙高处留的通风换气孔，一般侧窗的高度可以相同，但两山墙侧窗位置不宜相对，以免形成穿堂风；屋面用木椽、油毛毡、草泥等固定；棚面用塑料薄膜（玻璃）覆盖；间柱是暖棚舍内的支柱；中梁是横跨两山墙最高点的大梁。

步骤三 撰写实训报告

要求：

（1）到牛场参观暖棚牛舍的类型、采光、保温、通风换气情况。

（2）设计一个合理的暖棚牛舍。

暖棚牛舍的设计与建造实训报告表

姓名:__________ 班级:__________ 内容:__________ 日期:__________

实训目的	
实训材料	
实训步骤	
结果分析	
学习体会	
教师评价	教师签字: 年 月 日

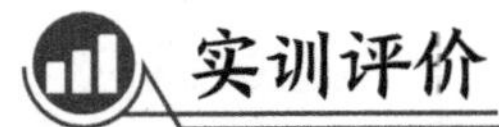

实训评价

实训评价表

评价项目	分值	扣分依据	自评分值	小组评分	教师评分	掌握程度
理论要点	10 分	描述错误不得分				基本 / 熟练
实际测量	20 分	错误不得分				基本 / 熟练
资料分析	30 分	错误 1 处扣 5 分				基本 / 熟练
操作描述	20 分	描述错误 1 处扣 5 分				基本 / 熟练
牛舍设计	20 分	错误不得分				基本 / 熟练
总计	100 分					

项目六

奶牛疾病防控

实训四十三 前胃弛缓（2学时）

任务描述

掌握牛前胃弛缓的诊断要点和治疗方法。

实训目的

掌握牛前胃弛缓的临床症状和诊断要点，并能根据病情进行正确诊断和提出最佳的治疗方案。

实训要求

（1）严格按实训要求对理论要点进行巩固复习。

（2）诊断时应严谨仔细，根据临床症状进行认真分析，相互讨论后确诊。

（3）治疗时应严格按照治疗方法做出诊断方案，并规范、安全地完成实训。

（4）如若没有实训动物或实训条件不充足时，可利用相关视频进行一步步讲解，并按实际资源对技能要点进行反复操作。

实训准备

实训牛、听诊器、体温表、投药和注射用具、药品等。

实训筹划

（1）熟悉牛前胃弛缓的概念、诊断要点和主要临床症状。

（2）做好实训牛、药品的准备工作。

（3）根据诊断要点进行疾病诊断，并按治疗方法操作。

（4）分小组对治疗过程进行讨论，学生对技能要点应反复操作并对操作过程进行详细描述。

（5）在学生操作过程中教师须做全程评价，操作完成后学生须对实习过程进行小结。

（6）撰写实训报告。

实训步骤

步骤一 巩固理论知识点

牛前胃弛缓是因其前胃兴奋性降低和收缩力减弱，瘤胃内容物运转迟滞，微生物体系失调，从而产生大量发酵和腐败分解物质，引起消化机能障碍和全身机能紊乱的一种疾病。其症状如下。

（1）初期出现食欲减退，拒食青贮酸性饲料（爱吃干草、青草等现象），采食慢，饮水少，异食癖，反刍缓慢，瘤胃蠕动音微弱或停止，瘤胃臌气致呼吸困难。病情延长，鼻镜干燥，精神沉郁，毛焦消瘦，多卧少立，四肢浮肿，粪便干硬。

（2）后期排恶臭稀粪或便秘、腹泻交替发生。如病情长期持续，则营养不良、衰竭死亡。

步骤二 实训操作

加强饲养管理，增强牛的前胃机能，消除诱发原发性前胃弛缓的病因，对继发性前胃弛缓要及时治疗原发病，防止脱水和自体中毒。

1. 清理胃肠

为了促进胃肠内容物的运转与排出，可用人工盐 250 g，硫酸镁 500 g，苏打粉 80 ～ 100 g，加水灌服；或用硫酸钠（或硫酸镁）300 ～ 500 g，鱼石脂 20 g，酒精 50 mL，温水 6 000 ～ 10 000 mL，一次内服；或用液体石蜡 1 000 ～ 3 000 mL、苦味酊 20 ～ 30 mL，一次内服。对于采食多量精饲料，症状又比较重的病牛，可采用洗胃的方法，排除瘤胃内容物；洗胃后应向瘤胃内接种纤毛虫。重症病例应先强心、补液，再洗胃。

2. 增强前胃机能

5% 葡萄糖生理盐水注射液 500 ～ 1 000 mL，10% 氯化钠注射液 100 ～ 200 mL，5% 氯化钙注射液 200 ～ 300 mL，20% 苯甲酸钠咖啡因注射液 10 mL，一次静脉注射，并肌内注射维生素 B_1。

3. 继发性臌胀的病牛

可灌服鱼石脂、松节油等制酵剂。伴发瓣胃阻塞时，除按前胃弛缓处理外，还应按瓣胃阻塞处理，即向瓣胃内注射液体石蜡 300 ～ 500 mL 或 10% 硫酸钠 2 000 ～ 3 000 mL。

4. 防止脱水和自体中毒

当病畜出现轻度脱水和自体中毒时，用 25% 葡萄糖注射液 500 ～ 1 000 mL，40% 乌洛托品注射液 20 ～ 50 mL，20% 安钠咖注射液 10 ～ 20 mL，一次静脉注射；配合应用抗生素药物；葡萄糖酸钙 500 ～ 1 000 mL，5% 碳酸氢钠 500 mL，5% 葡萄糖盐水

1 000 mL，25% 葡萄糖液 500 mL，一次静脉注射；毛果芸香碱 30 ～ 50 mL，一次皮下注射。

步骤三 撰写实训报告

要求：详细记录前胃弛缓的诊断和治疗方法。

前胃弛缓实训报告表

姓名：____________ 班级：____________ 内容：______________ 日期：______________

实训目的	
实训材料	
实训步骤	
结果分析	
学习体会	
教师评价	教师签字： 年 月 日

实训评价

实训评价表

评价项目	分值	扣分依据	自评分值	小组评分	教师评分	掌握程度
理论要点	10 分	描述错误不得分				基本 / 熟练
疾病诊断	10 分	错误不得分				基本 / 熟练
药物配制	30 分	错误 1 处扣 5 分				基本 / 熟练
实践操作	30 分	错误 1 处扣 5 分				基本 / 熟练
过程描述	10 分	描述错误不得分				基本 / 熟练
病因分析	10 分	错误不得分				基本 / 熟练
总计	100 分					

实训四十四 瘤胃积食（2学时）

任务描述

（1）掌握牛瘤胃积食的诊断要点，能根据病情进行合理分析并提出最佳治疗方案。

（2）掌握牛瘤胃切开术的操作方法和技术要点。

实训目的

（1）了解牛瘤胃积食的发病史。

（2）区别前胃弛缓、急性瘤胃臌胀等疾病。

实训要求

（1）应严格按实训要求对理论要点进行巩固复习。

（2）诊断时应严谨仔细，根据临床症状进行认真分析，相互讨论后确诊。

（3）治疗时应严格按照治疗方法做出诊断方案，并规范、安全地完成实训。

（4）如若没有实训动物或实训条件不充足时，可利用相关视频进行一步步讲解，并按实际资源对技能要点进行反复操作。

实训准备

实训牛、听诊器、体温表、投药和注射用具、药品等。

实训筹划

（1）熟悉牛瘤胃积食的概念、诊断要点和主要临床症状。

（2）做好实训牛、药品的准备工作。

（3）根据诊断要点进行疾病诊断，并按治疗方法操作。

（4）分小组治疗过程进行讨论，学生对技能要点应反复操作并对操作过程进行详细描述。

（5）在学生操作过程中教师须做全程评价，操作完成后学生须对实习过程进行小结。

（6）撰写实训报告。

实训步骤

步骤一 巩固理论知识点

牛瘤胃积食是牛因贪食大量粗纤维饲料或容易臌胀的饲料而引起瘤胃扩张，内容物停滞和阻塞及整个前胃机能障碍，致使瘤胃体积增大，超过正常容积，引起胃壁扩张。其症状如下。

（1）有采食过量饲料的病史。

（2）食欲减退或废绝，反刍次数减少，腹围增大，瘤胃上部饱满，中下部向外突出。

（3）腹痛，按压瘤胃，内容物充满、坚硬，拳压留有压痕。

（4）瘤胃蠕动音减弱或消失。

步骤二 实训操作

（1）防止过食。加强饲料保管，防止牛偷吃精料。

（2）洗胃、导胃，用胃导管灌入1%食盐水后，将瘤胃内容物从导管内导出。

（3）投喂。硫酸镁500～1 000 g，液体石蜡油或植物油1 000 mL，鱼石脂20 g，加常温水10 000 mL，一次性灌服。

（4）注射。葡萄糖生理盐水2 000～4 000 mL，25%葡萄糖液500 mL，20%安钠咖注射液10 mL，5%碳酸氢钠液500～1 000 mL，一次静脉注射；待病牛全身症状缓解后，用10%氯化钠300 mL，20%安钠咖注射液10 mL，一次静脉注射。

（5）瘤胃切开。积食严重，药物治疗无效时，应切开瘤胃取出过多内容物。操作方法如下。

①保定。采用保定架做内保定或右侧卧保定。

②麻醉。用保定宁或846合剂进行全身麻醉，配合腰旁神经干传导麻醉或局部浸润麻醉。

③消毒。对术部剪毛、剃毛、涂碘、脱碘。

④切口部位。左侧最后肋骨与髋结节中间，腰椎横突向下3～4 cm处；体形较大并要检查网胃的，切口部位应稍向前下方，距离最后肋骨后缘3～4 cm，腰椎横突向下8～10 cm，做15～20 cm长的切口。

⑤瘤胃切开。腹壁切开后，将瘤胃的一部分拉出腹壁切口外。在胃壁切口的四角用8～10号丝线穿出4条牵引线，以固定胃壁切口，缝针和缝线只穿过浆膜和肌层，针孔间的距离为2 cm左右。4条牵引线穿好后，由助手牵引，在胃壁周围垫上大块浸有生理盐水的纱布，然后在牵引线中央做15 cm长切口，一次切开胃壁，助手提起创缘并翻转固定。

⑥取出积食。术者伸手入瘤胃内，取出1/3～1/2积食即可。

⑦缝合胃壁。由助手拉紧胃壁牵引线，用温生理盐水冲洗胃壁创缘，注意用纱布

堵好切口下缘，以防冲洗液流入腹腔。术者重新消毒手臂，由助手拉紧 4 条牵引线，将胃壁切口对齐，用 7 ～ 10 号丝线采用螺旋缝合法缝合黏膜层（也可做胃壁全层缝合）。缝合后用青霉素生理盐水冲洗胃壁切口，再用 7 ～ 10 号丝线做内翻缝合。最后拆除 4 条牵引线，用青霉素生理盐水彻底冲洗胃壁切口，涂油剂青霉素，将瘤胃还纳于腹腔内。

⑧缝合腹壁。用螺旋缝合法将腹膜与腹横肌一并缝合。用结节缝合法分别缝合腹内斜肌、腹外斜肌；最后用结节或锁扣法缝合皮肤，装置结系绷带。

步骤三 撰写实训报告

要求：详细记录牛瘤胃积食的诊断与治疗方法。

瘤胃积食实训报告表

姓名:____________ 班级:____________ 内容:______________ 日期:____________

实训目的	
实训材料	
实训步骤	
结果分析	
学习体会	
教师评价	教师签字: 年 月 日

实训评价

实训评价表

评价项目	分值	扣分依据	自评分值	小组评分	教师评分	掌握程度
理论要点	10 分	描述错误不得分				基本 / 熟练
疾病诊断	10 分	错误不得分				基本 / 熟练
药物配制	30 分	错误 1 处扣 5 分				基本 / 熟练
实践操作	30 分	错误 1 处扣 5 分				基本 / 熟练
过程描述	10 分	描述错误 1 处扣 5 分				基本 / 熟练
病因分析	10 分	错误 1 处扣 5 分				基本 / 熟练
总计	100 分					

瘤胃酸中毒（2学时） 实训四十五

任务描述

能根据临床表现，对牛瘤胃酸中毒进行合理分析并提出最佳治疗方案。

实训目的

（1）了解牛瘤胃酸中毒的发病史。

（2）区别瘤胃臌胀、产后瘫痪等疾病。

实训要求

（1）应严格按实训要求对理论点进行巩固复习。

（2）诊断时应严谨仔细，根据临床症状进行认真分析，相互讨论后确诊。

（3）治疗时应严格按照治疗方法做出诊断方案，并规范、安全地完成实训。

（4）如若没有实训动物或实训条件不充足时，可利用相关视频进行一步步讲解，并按实际资源对技能要点进行反复操作。

实训准备

实训牛、听诊器、体温表、投药和注射用具、药品等。

实训筹划

（1）熟悉牛瘤胃酸中毒的概念、诊断要点和主要临床症状。

（2）做好实训牛、药品的准备工作。

（3）根据诊断要点进行疾病诊断，并按治疗方法操作。

（4）分小组对治疗过程进行讨论，学生对技能要点应反复操作并对操作过程进行详细描述。

（5）在学生操作过程中教师须做全程评价，操作完成后学生须对实习过程进行小结。

（6）撰写实训报告。

实训步骤

步骤一 巩固理论知识点

牛瘤胃酸中毒是由于牛采食过量的精料或长期饲喂酸度过高的青贮饲料，在瘤胃内产生大量的乳酸等有机酸而发生的一种代谢性酸中毒病。其具体症状如下。

（1）有过食豆、谷等精饲料的病史。

（2）发病急骤，病程短，死亡率高。

（3）瘤胃胀满，有视觉障碍，脱水，血液浓稠，卧地不起，昏迷。

（4）体温偏低，一般 36.5 ～ 38.5 ℃。

（5）血液 pH 值降至 6.9 以下，尿液 pH 值降至 5.0 左右。

步骤二 实训操作

（1）加强管理，防止牛一次采食过多的豆、谷等精饲料。

（2）静脉注射 5% 碳酸氢钠 1 000 ～ 1 500 mL，每日 1 ～ 2 次，并内服苏打粉 100 ～ 200 g，肌注维生素 B_1 0.2 ～ 0.4 g。

（3）糖盐水 500 ～ 1 000 mL，生理盐水 500 ～ 1 000 mL，低分子右旋糖酐 500 ～ 1 000 mL，一次静脉注射。

（4）重病畜（心率 100 次/min 以上，瘤胃内容物 pH 值降至 5 以下）宜行瘤胃切开术，排空内容物，用 3% 碳酸氢钠或温水洗涤瘤胃数次，尽可能彻底地洗去乳酸。然后，向瘤胃内放置适量轻泻剂和优质干草，条件允许时可给予正常瘤胃内容物，并静脉注射钙制剂和补液。

步骤三 撰写实训报告

要求：详细记录瘤胃酸中毒的诊断与治疗方法。

瘤胃酸中毒实训报告表

姓名:＿＿＿＿＿＿ 班级:＿＿＿＿＿＿ 内容:＿＿＿＿＿＿ 日期:＿＿＿＿＿＿

实训目的	
实训材料	
实训步骤	
结果分析	
学习体会	
教师评价	教师签字: 年 月 日

实训评价

实训评价表

评价项目	分值	扣分依据	自评分值	小组评分	教师评分	掌握程度
理论要点	10 分	描述错误不得分				基本 / 熟练
疾病诊断	10 分	错误不得分				基本 / 熟练
药物配制	30 分	错误 1 处扣 5 分				基本 / 熟练
实践操作	30 分	错误 1 处扣 5 分				基本 / 熟练
过程描述	10 分	描述错误 1 处扣 5 分				基本 / 熟练
病因分析	10 分	错误 1 处扣 5 分				基本 / 熟练
总计	100 分					

实训四十六 瘤胃臌气（2 学时）

任务描述

（1）掌握牛瘤胃臌气的临床表现，能进行合理分析并提出有效的治疗方案。

（2）掌握牛瘤胃臌气穿刺的方法和技术要点。

实训目的

（1）牛瘤胃臌气病有原发性和继发性臌胀，泡沫性和非泡沫性，应区别诊断。

（2）放气时不能太快，要断续地、缓慢地排出。

（3）牛皮比较硬，应先在穿刺点用外科刀做一个小切口再刺入套管针。

实训要求

（1）应严格按实训要求对理论点进行巩固复习。

（2）诊断时应严谨仔细，根据临床症状进行认真分析，相互讨论后确诊。

（3）治疗时应严格按照治疗方法做出诊断方案，并规范、安全地完成实训。

（4）如若没有实训动物或实训条件不充足时，可利用相关视频进行一步步讲解，并按实际资源对技能要点进行反复操作。

实训准备

听诊器、体温表、投药和注射用具、套管针、药品、外科刀、缝合器材、剪毛剪等。

实训筹划

（1）熟悉牛瘤胃臌气的概念、诊断要点和主要临床症状。

（2）做好实训牛、药品的准备工作。

（3）根据诊断要点进行疾病诊断，并按治疗方法操作。

（4）分小组对治疗过程进行讨论，学生对技能要点应反复操作并对操作过程进行详细描述。

（5）在学生操作过程中教师须做全程评价，操作完成后学生须对实习过程进行小结。

（6）撰写实训报告。

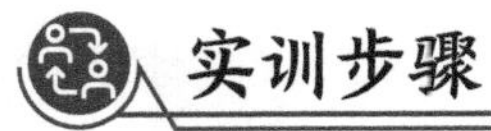

实训步骤

步骤一 巩固理论知识点

牛瘤胃臌气又称瘤胃臌胀，是因牛前胃神经反应性降低，收缩力减弱，采食了容易发酵的饲料，在瘤胃内微生物的作用下异常发酵，产生大量气体，使瘤胃中积有大量气体所引起的急性瘤胃扩张。其具体症状如下。

（1）采食大量易发酵饲料后发病。

（2）病牛表现出不安，时而躺下时而站起，一会儿踢腹，一会儿打滚，嘴边黏附许多泡沫。

（3）腹部臌胀，左肷部凸出，触诊紧张有弹性，叩诊呈鼓音。

（4）瘤胃蠕动音初期强盛，后期减弱，甚至完全消失。

（5）呼吸极度困难，血液循环障碍，可视黏膜发绀，眼球突出。

步骤二 实训操作

1. 病情较轻

让病牛站立在斜坡上，保持前高后低姿势，不断牵引其舌或在木棒上涂抹菜籽油后衔在病牛口内，同时按摩瘤胃，促进气体排出。若通过上述处理效果不显著时，可用松节油 20 ～ 30 mL，鱼石脂 10 ～ 20 g，酒精 30 ～ 50 mL，温水适量，一次内服。

2. 病情严重

当有窒息危险时，用胃管或瘤胃穿刺放气，防止牛窒息。放气后从胃管或套管针内注入生石灰水或 8% 氧化镁溶液，或者用稀盐酸 10 ～ 30 mL，加水适量。或用 0.25% 普鲁卡因溶液 50 ～ 100 mL，青霉素 200 万～ 500 万 IU。

3. 泡沫性臌气

用消胀片 100 ～ 150 片/次。也可用松节油 30 ～ 40 mL，液体石蜡 500 ～ 1 000 mL，常温水适量，一次性内服，或用菜籽油 300 ～ 500 mL，温水 500 ～ 1 000 mL，一次性内服。或用松节油 20 ～ 30 mL，鱼石脂 10 ～ 15 g，酒精 100 ～ 200 mL，加适量温水内服。

4. 非泡沫性臌气

放气后，为防止内容物发酵，用鱼石脂 15 ～ 25 g，酒精 100 mL，常温水 1 000 mL，一次性内服。

5. 有窒息危险的

对药物治疗效果不显著，表现出呼吸困难有窒息危险的病牛，用套管针进行瘤胃穿刺放气，或施行瘤胃切开术，取出其内容物。

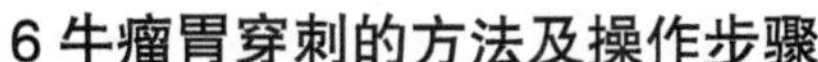

6 牛瘤胃穿刺的方法及操作步骤

（1）保定。先将牛站立保定在保定架内，然后用绳将牛的两后肢跗关节上方绑在一起。

（2）方法。穿刺部位在左腹肷部中央或左侧髂骨外角与最后肋骨中点连线的中央。

（3）消毒。在穿刺部剪毛、消毒。

（4）穿刺方法。术者用左手将穿刺部皮肤稍向前推，右手持套管针（或采血针）朝向前肢的方向刺入，也可先用外科刀在穿刺点做一个小切口再刺入。固定套管（或采血针）拔出针芯，瘤胃内的气体即自动排气。放气时不能太快，要断续地、缓慢地排出。如遇针孔阻塞，可用针芯通透，继续排气。为了防止臌气继续发生，造成重复穿刺，可以根据病情，留放一定时间后再拔出，必要时也可从套管向瘤胃内注入制酵剂。拔出套管时，先将针芯插回套管，压紧针孔周围的皮肤，再拔出套管针，然后消毒处理。

步骤三 撰写实训报告

要求：

（1）详细记录泡沫型和非泡沫型臌胀的诊断要点和治疗方法。

（2）详细记录瘤胃穿刺的方法。

瘤胃臌气实训报告表

姓名:__________ 班级:__________ 内容:__________ 日期:__________

实训目的	
实训材料	
实训步骤	
结果分析	
学习体会	
教师评价	教师签字: 年 月 日

实训评价表

评价项目	分值	扣分依据	自评分值	小组评分	教师评分	掌握程度
理论要点	10 分	描述错误不得分				基本 / 熟练
疾病诊断	10 分	错误不得分				基本 / 熟练
药物配制	30 分	错误 1 处扣 5 分				基本 / 熟练
实践操作	30 分	错误 1 处扣 5 分				基本 / 熟练
过程描述	10 分	描述错误 1 处扣 5 分				基本 / 熟练
病因分析	10 分	错误 1 处扣 5 分				基本 / 熟练
总计	100 分					

牛蹄病（2学时）实训四十七

任务描述

（1）掌握牛蹄病的诊断要点，并能独立对该病进行治疗。

（2）掌握修蹄的操作方法。

实训目的

（1）检查牛蹄病时要先洗净蹄底、蹄叉再检查。

（2）修蹄时不可过多地修去角质，否则会引起出血。

（3）修蹄时应将两蹄内侧边缘修去一些，使蹄底呈“凹”形，以保证蹄底面负重均匀。

（4）凡因蹄病治疗或修蹄的牛，都应在干净、干燥的场地单独饲喂。

实训要求

（1）应严格按实训要求对理论要点进行巩固复习。

（2）诊断时应严谨仔细，根据临床症状进行认真分析，相互讨论后确诊。

（3）治疗时应严格按照治疗方法做出诊断方案，并规范、安全地完成实训。

（4）如若没有实训动物或实训条件不充足时，可利用相关视频进行一步步讲解，并按实际资源对技能要点进行反复操作。

实训准备

各种蹄病和变形蹄的牛、消毒药品和修蹄器械等。

实训筹划

（1）熟悉牛蹄病的概念、诊断要点和主要临床症状。

（2）做好实训牛、药品的准备工作。

（3）根据诊断要点进行疾病诊断，并按治疗方法操作。

（4）分小组对治疗过程进行讨论，学生对技能要点应反复操作并对操作过程进行详细描述。

（5）在学生操作过程中教师须做全程评价，操作完成后学生须对实习过程进行小结。

（6）撰写实训报告。

实训步骤

步骤一 巩固理论知识点

牛蹄病是牛蹄的皮肤炎症，是以具有腐败恶臭味、疼痛剧烈为特征的疾病。

（1）患牛呈现站立不稳、姿势不正、跛行、喜卧、起卧困难，严重时卧地不起。

（2）蹄部检查，蹄底可能被异物刺伤，穿孔造成蹄底溃疡。蹄间溃烂，有恶臭分泌物，有的蹄间有不良肉芽增生。蹄底角质部呈黑色，用叩诊锤或手按压蹄部时出现痛感。也有由于角质溶解，蹄真皮过度增生，肉芽突出于蹄底。球节感染发炎时，球节肿胀、疼痛。严重时，体温升高，食欲减少，严重跛行，甚至卧地不起，逐渐消瘦。

（3）用刀切削扩创后，蹄底小孔或大洞即有污黑的臭水流出，趾间也能看到溃疡面，上面覆盖着恶臭的坏死物。重者蹄冠红肿，痛感明显。影响采食，表现为消瘦、产奶量下降、繁殖障碍。

（4）病因

①营养因素。为了片面地追求奶牛产量，精料喂得过多，而又缺乏草，精料中的大量淀粉可以使产乳酸的革兰氏菌在瘤胃内过度繁殖，产生大量乳酸，使瘤胃内酸度增加，造成消化紊乱，产生消化道疾病，严重者发展成酸中毒。国内外大量研究表明，瘤胃内环境的破坏可以使胃黏膜的抵抗力降低，屏障作用减弱，使有毒物质进入循环系统。其次是钙、磷比例的不当或缺乏。无论缺钙还是缺磷，无论高钙低磷还是高磷低钙，都容易造成钙磷代谢障碍，引发奶牛肢蹄病，特别是骨质疏松症。日粮中缺锌，影响蹄角化过程，容易发生腐蹄病。维生素D缺乏是引发奶牛肢蹄病特别是骨质疏松症的重要原因之一。

②疾病因素。酮病、乳房炎、子宫内膜炎等疾病都与蹄病有关或有较大影响，应在积极治疗原发病的基础上治疗蹄病。高产奶牛如果饲养不当，发生酮病后很容易继发蹄叶炎。蹄叶炎通常是在产犊前几天直到产后几周之内发生。在这个时期往往是精料增加很快，粗饲料（较长的）喂量减少，引起瘤胃酸中毒，这对蹄叶炎的发病影响较大。

③管理因素。饲养管理不当，牛运动不足，是其诱因。主要由于牛床及运动场铺设不平，蹄底过度磨损，异物刺伤而被坏死杆菌和化脓菌感染，加之蹄部经常浸泡于粪尿污水之中，致使该病发生。

④遗传因素。奶牛蹄部性状遗传系数为0.6，且与生产性能成高度正相关。

步骤二 实训操作

1. 检查蹄部

遇有牛跛行及蹄部异常时应立即检查蹄部，尤其要洗净后再检查蹄底、蹄叉。

2. 蹄部消毒

用饱和硫酸铜或高锰酸钾溶液消毒患部，找到病灶，除去坏死组织。

3. 患部用药

轻度腐蹄病仅限于浅层时，用 3% ～ 5% 高锰酸钾羊脂软膏涂敷；蹄部肿胀、跛行明显时，应用 1% 高锰酸钾液或 4% 硫酸铜液温脚浴疗法；若蹄底已烂出空洞并有脓液及坏死组织时，可用消毒液洗净蹄部，用剪刀或锐匙将坏死组织彻底清除再用 5% 浓碘酊消毒，撒上抗菌药，外用福尔马林松馏油棉塞填塞，包扎上绑带。后再用防水塑料布包住蹄部，2 ～ 3 d 换药 1 次。

4. 群发时，可设消毒槽

槽中投入 4% 硫酸铜溶液，使病牛每天通过 2 ～ 3 次。圈舍必须进行消毒。

5. 牛的修蹄

（1）修蹄前的准备。

①器械的准备：蹄刀、锉、锯、锤和线绳等。

②药品的准备：消毒棉、来苏尔、10% 碘酊、松馏油、高锰酸钾粉和绷带等。

③人员的准备：术者 1 人，助手 1 ～ 2 人。

（2）保定：将牛站立保定在保定栏内，把牛蹄吊起。

（3）修蹄方法：术者站立于所修蹄的外侧，根据不同蹄形，分别进行修整。

①长蹄：用蹄刀或截断刀，将蹄的过长部分修去，并用修蹄刀将蹄底面修理平整，再用锉将其边缘锉平，使呈圆形。

②宽蹄：将蹄刀或截断刀放于蹄背侧缘，用木锤打击刀背，将过宽的部分截除，再将蹄底面修理平整，锉其边缘，使蹄呈圆形。

③翻卷蹄：将翻卷侧蹄底内侧缘增厚部除去，用锯除去过长的角质部，最后锉其边缘。

④腐蹄、蹄趾间腐烂：将蹄底修平整后，按上述方法用药。

步骤三 撰写实训报告

要求：（1）详细记录牛蹄病的治疗方法。

（2）详细记录如何修蹄。

牛蹄病实训报告表

姓名:____________ 班级:____________ 内容:______________ 日期:_____________

实训目的	
实训材料	
实训步骤	
结果分析	
学习体会	
教师评价	教师签字: 年　　月　　日

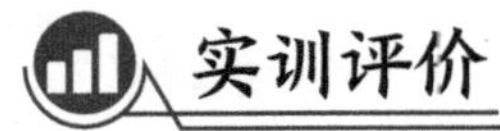

实训评价

实训评价表

评价项目	分值	扣分依据	自评分值	小组评分	教师评分	掌握程度
理论要点	10 分	描述错误不得分				基本 / 熟练
疾病诊断	10 分	错误不得分				基本 / 熟练
药物配制	30 分	错误 1 处扣 5 分				基本 / 熟练
实践操作	30 分	错误 1 处扣 5 分				基本 / 熟练
过程描述	10 分	描述错误 1 处扣 5 分				基本 / 熟练
病因分析	10 分	错误 1 处扣 5 分				基本 / 熟练
总计	100 分					

感冒（2学时）实训四十八

任务描述

掌握牛感冒的诊断要点，能根据病情进行合理分析并提出最佳治疗方案。

实训目的

（1）掌握感冒与流行性感冒的区别诊断。

（2）掌握风热感冒与风寒感冒的区别诊断。

实训要求

（1）应严格按实训要求对理论要点进行巩固复习。

（2）诊断时应严谨仔细，根据临床症状进行认真分析，相互讨论后确诊。

（3）治疗时应严格按照治疗方法做出诊断方案，并规范、安全地完成实训。

（4）如若没有实训动物或实训条件不充足时，可利用相关视频进行一步步讲解，并按实际资源对技能要点进行反复操作。

实训准备

听诊器、体温表、投药和注射用具、药品、剪毛剪等。

实训筹划

（1）熟悉牛感冒的概念、诊断要点和主要临床症状。

（2）做好实训牛、药品的准备工作。

（3）根据诊断要点进行疾病诊断，并按治疗方法操作。

（4）分小组对治疗过程进行讨论，学生对技能要点应反复操作并对操作过程进行详细描述。

（5）在学生操作过程中教师须做全程评价，操作完成后学生须对实习过程进行小结。

（6）撰写实训报告。

实训步骤

步骤一 巩固理论知识点

感冒是牛因受寒冷空气的刺激而引起的以上呼吸道炎症为主的急性热性全身性疾病。临床上是以咳嗽、流鼻液、畏光流泪、前胃弛缓为特征。其具体症状如下。

（1）牛患感冒时发病较急，患牛多数耳尖、鼻端发凉。

（2）结膜潮红或轻度肿胀，畏光流泪，咳嗽，鼻塞并流浆性鼻液。

（3）呼吸加快，肺泡呼吸音粗，当并发支气管炎时，则出现干性或湿性啰音。

（4）本病病程较短，一般 3 ～ 5 d后全身症状逐渐好转，多取良性经过。但是如果不及时治疗易激发支气管肺炎或其他疾病。

（5）风热感冒。体温升高到 39 ～ 40 ℃。呼吸加快，呼气粗，有热感，肺泡呼吸音粗，有的可以听到干啰音。心跳加快，口干舌红，咳嗽不爽，喉头触之敏感。耳鼻有热感，怕热喜凉，尿少色黄，甚至有尿痛感。肠音不整或减弱，粪便干燥。

（6）风寒感冒。体温正常或微有升高。呼吸不快，呼出的气有凉感，心跳不快。舌色青黄或青白。被毛逆立，弓腰怕冷，皮温不均。鼻寒耳凉，鼻流清涕，尿清长。

步骤二 实训操作

1. 针刺疗法

刺玉堂、蹄头、耳尖、尾尖等穴位。

2. 解热阵痛

（1）复方氨基比林注射液 20 ～ 50 mL，肌内注射，1 ～ 2 次/d。

（2）柴胡注射液 20 ～ 40 mL，肌内注射，1 ～ 2 次/d。

3. 抗生素或磺胺类药物

（1）10%磺胺嘧啶钠 100 ～ 150 mL，5% ～ 10%葡萄糖液，一次静脉注射，1 ～ 2 次/d。

（2）青霉素 320 ～ 400 IU，30%安乃近注射液 20 ～ 40 mL，一次肌内注射，2 ～ 3 次/d，连用 2 ～ 3 d。

步骤三 撰写实训报告

要求：详细记录感冒的诊断要点和治疗方法。

感冒实训报告表

姓名:＿＿＿＿＿＿ 班级:＿＿＿＿＿＿ 内容:＿＿＿＿＿＿ 日期:＿＿＿＿＿＿

实训目的	
实训材料	
实训步骤	
结果分析	
学习体会	
教师评价	教师签字: 年 月 日

实训评价

实训评价表

评价项目	分值	扣分依据	自评分值	小组评分	教师评分	掌握程度
理论要点	10 分	描述错误不得分				基本 / 熟练
疾病诊断	10 分	错误不得分				基本 / 熟练
药物配制	30 分	错误 1 处扣 5 分				基本 / 熟练
实践操作	30 分	错误 1 处扣 5 分				基本 / 熟练
过程描述	10 分	描述错误 1 处扣 5 分				基本 / 熟练
病因分析	10 分	错误 1 处扣 5 分				基本 / 熟练
总计	100 分					

实训四十九 犊牛下痢（2学时）

任务描述

掌握犊牛下痢的诊治要点，能根据病情进行正确诊断和合理治疗。

实训目的

掌握中毒性下痢和单纯性下痢的区别诊断。

实训要求

（1）应严格按实训要求对理论要点进行巩固复习。

（2）诊断时应严谨仔细，根据临床症状进行认真分析，相互讨论后确诊。

（3）治疗时应严格按照治疗方法做出诊断方案，并规范、安全地完成实训。

（4）如若没有实训动物或实训条件不充足时，可利用相关视频进行一步步讲解，并按实际资源技能要点进行反复操作。

实训准备

听诊器、体温表、投药和注射用具、药品、剪毛剪等。

实训筹划

（1）熟悉犊牛下痢的概念、诊断要点和主要临床症状。

（2）做好实训牛、药品的准备工作。

（3）根据诊断要点进行疾病诊断，并按治疗方法操作。

（4）分小组对治疗过程进行讨论，学生对技能要点应反复操作并对操作过程进行详细描述。

（5）在学生操作过程中教师须做全程评价，操作完成后学生须对实习过程进行小结。

（6）撰写实训报告。

实训步骤

步骤一 巩固理论知识点

犊牛下痢是一种临床综合征，而不是独立的疾病。其致病原因很复杂，一般在临床上分为中毒性下痢和单纯性下痢。

（1）生后 1 周龄以内的犊牛出现下痢时，一般是突然发病，排出白色水样粪便，大多经 2 ～ 3 d死亡，主要是由于大肠杆菌引起。

（2）生后 10 日龄以内的犊牛发病症状较轻，多呈慢性经过。病初期粪便呈水样，食欲减退或废绝，病情进一步发展会出现鼻黏膜干燥，皮肤弹力下降，眼球凹陷等脱水症状。不久体温降低呈虚脱状态，因并发肺炎等呼吸道疾病而死亡。

（3）生后 2 ～ 3 周龄的犊牛出现下痢时，多由沙门氏菌引起，其传染性极强，死亡率也高。主要特征是突然发病，精神沉郁，食欲废绝，体温升高至 40 ℃左右。排混有黏液和血液的粪便，有的则引起脑炎出现神经症状，由于严重的脱水和衰弱，经过 5 ～ 6 d死亡。

步骤二 实训操作

加强饲养，精心护理。治疗原则是健胃整肠，消炎，防止继发感染和脱水。减少喂奶量或禁食。通常可减少至正常乳量的 1/3，减少乳量用温开水替代；禁食 24 小时，可喂给补液盐，当腹泻减轻时，再逐渐喂正常乳。

1. 对腹泻而有食欲者

用四黄散 150 g，一次喂服，每日 3 次，连服 3 d。

2. 对腹泻带血者

首先应清理胃肠道，用液态石蜡油 150 ～ 200 mL，一次灌服。次日可用止痢博士 150g，一次喂服，每日 3 次，连服 3 d。

3. 对腹泻伴有胃肠臌胀者

应消除膨胀，可用磺胺脒 5 g、碳酸氢钠 5 g、氧化镁 2 g，一次喂服。

4. 对腹泻而脱水者

应尽快补充等渗电解质溶液，增加血容量。常用 5% 葡萄糖生理盐水或林格氏液 1 500 ～ 2 500 mL、20% 葡萄糖溶液 250 ～ 500 mL、5% 碳酸氢钠溶液 250 ～ 300 mL，一次静脉注射。

5. 对腹泻而伴有体温升高者

除内服健胃、消炎药外，可用青霉素 80 万～ 160 万 U，链霉素 100 万 U，一次肌内注射，每日 2 ～ 3 次，连续注射 2 ～ 3 d。

加强饲养管理，严格执行犊牛饲养管理规程，是预防犊牛饮食性腹泻的关键。

步骤三 撰写实训报告

要求：详细记录如何诊断和治疗犊牛的下痢。

犊牛下痢实训报告表

姓名:__________ 班级:__________ 内容:__________ 日期:__________

实训目的	
实训材料	
实训步骤	
结果分析	
学习体会	
教师评价	教师签字: 年 月 日

实训评价

实训评价表

评价项目	分值	扣分依据	自评分值	小组评分	教师评分	掌握程度
理论要点	10 分	描述错误不得分				基本 / 熟练
疾病诊断	10 分	错误不得分				基本 / 熟练
药物配制	30 分	错误 1 处扣 5 分				基本 / 熟练
实践操作	30 分	错误 1 处扣 5 分				基本 / 熟练
过程描述	10 分	描述错误 1 处扣 5 分				基本 / 熟练
病因分析	10 分	错误 1 处扣 5 分				基本 / 熟练
总计	100 分					

实训五十 牛乳房炎（2学时）

任务描述

掌握牛乳房炎的主要症状，能根据病情进行正确的诊断和合理的治疗。

实训目的

（1）牛乳房炎的种类较多，应区别诊断。

（2）进行封闭疗法操作时，刺入针的方向和深浅程度要适宜。

实训要求

（1）应严格按实训要求对理论要点进行巩固复习。

（2）诊断时应严谨仔细，根据临床症状进行认真分析，相互讨论后确诊。

（3）治疗时应严格按照治疗方法做出诊断方案，并规范、安全地完成实训。

（4）如若没有实训动物或实训条件不充足时，可利用相关视频进行一步步讲解，并按实际资源对技能要点进行反复操作。

实训准备

听诊器、体温表、投药和注射用具、药品、剪毛剪、乳导管等。

实训筹划

（1）熟悉牛乳房炎的概念、诊断要点和主要临床症状。

（2）做好实训牛、药品的准备工作。

（3）根据诊断要点进行疾病诊断，并按治疗方法操作。

（4）分小组对治疗过程进行讨论，学生对技能要点应反复操作并对操作过程进行详细描述。

（5）在学生操作过程中教师须做全程评价，操作完成后学生须对实习过程进行小结。

（6）撰写实训报告。

实训步骤

步骤一 巩固理论知识点

乳房炎是牛的乳房因受到机械、物理、化学和生物学因素作用而引起的炎症，分临床型和隐性型 2 种。

1. 类型

（1）最急性

发病突然，发展迅速，多发生于 1 个乳区，患乳区乳房明显肿大，坚硬如石，皮肤龟裂，疼痛玥显，健乳区奶产量剧减，患乳区仅能挤出黄水或淡的血水。全身症状显著，食欲废绝，体温升高至 41.5 ～ 42 ℃，呈稽留热型，心跳达 110 ～ 130 次 /min，呼吸增快，精神沉郁，粪便黑干，肌肉软弱无力，不愿走动，喜卧，迅速消瘦。

（2）急性

病情较最急性缓和。发病后，乳房肿大，皮肤发红，疼痛明显，质地硬，乳房内可摸到硬块，有避躲和踢人的表现，全身症状较轻，精神尚好，体温正常或稍升高，食欲减退，奶量下降为正常时的 1/3 ～ 1/2，乳汁呈灰白色，内混有大小不等的奶块、絮状物。

（3）亚急性

发病缓和，患乳区红、肿、热、痛不明显；食欲、体温、脉搏等全身反应均正常；乳汁稍稀薄，呈灰白色，最初几把乳内含絮状物或乳凝块。体细胞数增加，pH 值偏高，氯化钠含量增加。

（4）慢性

由急性转变而来。反复发生，病程长。产奶量下降，药物反应差，疗效低。轻者头几把乳汁有块状物，以后又无，肉眼观正常；重者乳异常，放置后见能析出乳清或内含脓汁；乳房有大小不等的硬结。由于反复经乳头管内注射药物，乳头管呈一条绳索样的硬条，挤乳困难。乳头变小，乳区下部有硬区。

（5）隐性乳房炎

又称亚临床型乳房炎。为无临床症状表现的一种乳房炎。其特征是乳房和乳汁无肉眼可见异常，然而乳汁在理化性质、细菌学上已发生变化。具体表现为：pH 值 7.0 以上，呈偏碱性；乳内有乳块、絮状物、纤维；氯化钠含量在 0.14% 以上，体细胞数在 50 万个 /mL 以上，细菌数和电导值增高。

2. 治疗

（1）冷敷、热敷疗法

炎症初期进行冷敷，制止炎症物质渗出；2 ～ 3d 后可进行热敷，促进炎症物质吸收，消散炎症。每日 2 ～ 3 次。

（2）乳房内注入

乳房内注入是治疗乳房炎常用、简便、有效的方法。注入前应先消毒乳头并将乳房内积乳尽量挤干净，对化脓性乳房炎，排出脓汁，每个乳头先用1%～2%小苏打水冲洗，然后注入抗生素、磺胺、1%硼酸、高锰酸钾等溶液。

（3）肌内或静脉注射抗生素

主要用于全身症状明显的病牛。青霉素350万IU，链霉素4 g，一次肌内注射，每日2次；四环素按每日每千克体重5～10 mg，分2次静脉注射，严重者可加大2～3倍剂量，效果更好。

（4）封闭疗法

①乳房基底封闭。前乳区发炎时，在乳房前腹壁与乳房基部之间，将针头向对侧膝关节方向刺入8～10 cm，注入药液；后乳区发炎时，术者位于牛的后方，在左右乳房中线离开2 cm乳房基部后缘，针头向同侧腕关节方向刺入。每乳区注射0.25%～0.5%普鲁卡因青霉素溶液100～200 mL（含青霉素80万IU）。

②会阴神经封闭。部位是在阴唇下联合，即坐骨弓上方正中的凹陷处。局部消毒后，左手拇指按压在凹陷处，右手持封闭针头向患侧刺入1.5～2 cm，注入0.25%普鲁卡因青霉素溶液100～200 mL（含青霉素80万IU）。如两侧乳房患病，则向两侧注射。

③腰椎乳房神经封闭。在第3至第4腰椎横突处与母体纵轴呈水平垂直作一直线，在背最长肌距中线6～7 cm处与母体纵轴作平行线，两线交点处，针向下刺入5～10 cm，注药。

（5）对症疗法

根据病情，可一次注射10%～25%葡萄糖液500～1 000 mL，5%碳酸氢钠液500～1000 mL，10%～20%葡萄糖酸钙500～1000 mL。

（6）中药疗法

金蒲汤：金银花80 g、蒲公英90 g、连翘30 g、紫花地丁80 g、陈皮40 g、青皮40 g、生甘草30 g。白酒适量为引，水煎去渣，取汁内服，每日1剂，重病日服2剂。

（7）乳房炎患区破坏法

当乳区经常产生异常乳并反复出现临床型乳腺炎，或者有慢性坏死性炎症时，为了阻止炎症的反复发生，减轻患畜的病情，可向患区乳房内注入10%福尔马林100 mL，加灭菌生理盐水500 m或5%硫酸铜溶液20 mL或3%硝酸银溶液50～100 mL或洗必泰50 mL。

上述的任何一种药液注入后应停留于乳房内，不再挤出，经24～48 h后，乳房肿胀、发炎，若患牛有全身反应如体温升高、食欲废绝等，可将药液挤出，患区经急性炎症后逐渐萎缩，腺体破坏。

3.预防

（1）加强管理，减少应激和乳腺感染

①搞好环境卫生，保持牛体清洁。粪便、垫草要及时清扫，堆积发酵；运动场要清洁、干燥，污水及时排除；牛舍、牛床经常用水清洗，定期用1%～2%碱水消毒；

牛体每月刷拭，冬天干刷，夏季用水刷拭。

②创造优良环境，减少应激因素。引起奶牛应激的因素有很多，如妊娠、分娩、不良的气候条件（严寒、酷热、湿热）、严重蹄病、惊吓、饲料发霉变质等都能引起奶牛的应激反应。研究表明，牛在应激中，白细胞吞噬和消化细菌能力降低60%～98%。产后和夏季，牛感受到了较多应激，干扰了牛体与细菌间的平衡，致使乳房炎发病增多。因此，应做好防暑降温工作，创造良好的“人工小气候”，牛舍保持安静，使牛生活在最佳环境之中。

（2）加强挤乳卫生，执行挤奶操作规程

①挤乳前应将牛床打扫清洁，并将牛体特别是后躯刷拭干净。

②挤乳前最好用50 ℃的温水浸湿干净毛巾，彻底洗净乳房。水要勤换；每头牛要固定一条毛巾；洗涤后一定要擦干，防止洗乳房的污水流到乳头或挤乳杯内套和乳头皮肤间；奶桶洗净后擦干；毛巾要煮沸消毒。

③前几把乳应挤在容器内，不要挤在牛床上；先挤健康牛的乳，后挤乳房炎病牛的乳，乳要单独处理。

④加强挤乳员卫生。挤乳员要固定，要定期进行健康检查；手要用消毒液洗涤，因为手是传染源。

（3）坚持乳头药浴

乳头药浴（乳头进行药液消毒）是控制奶牛乳房炎主要措施之一。特别是对消除病原菌具有重要作用。

①药浴药品。常用药品有4%次氯酸钠、0.3%～0.5%洗必泰、0.2%过氧乙酸和0.5%～1%碘酊。

②药浴杯。为盛药液特制的塑料乳头药浴杯，使用前宜用85 ℃热水清洗干净。

③药浴方式。有浸泡法和喷洒法2种：浸泡法，是指将药液挤压或倾入杯中，使乳头在药液中浸泡一定时间；喷洒法是用喷雾器将消毒药喷洒到乳头上。此法效果不如浸泡法。

④药浴时间。于挤完乳或停挤乳机后1 min进行，越早越好。以浸入半个乳头为最佳，浸整个乳头也可。

⑤药浴次数。干奶牛在停乳的前10 d，每日1～2次；待产牛在预产期前10 d开始，每日1～2次；泌乳牛在每班挤乳后进行1次，持续1个泌乳期。药浴注意事项：初次使用，药物浓度由低逐渐增大，使乳头皮肤有一个适应过程；使用新药液，如对其药物性能尚不了解，应先作小范围试验，如无反应，再扩大范围，以免发生乳头损伤；使用药物要合乎标准，如次氯酸钠含碱量不超过0.05%；严冬季节，为防止乳头冻伤和破裂，可暂停药浴。

（4）干奶期注入抗生素药物

干奶初期，由于乳腺细胞变性和对感染抵抗力降低，故极易被微生物侵入，因此，在干奶期预防乳房炎的发生极为重要。关于干奶期乳头内注入干奶药物，目前有2种观点：一种认为全部乳区注射，能保证防治效果好；另一种认为选择乳区注射，即感染的乳区注射，未感染的乳区不注射，能节省药费，较为经济。究竟采取何法合适，各场应从实际出发，选择适合的治疗方案。

（5）加强对有关疾病的治疗

瘤胃积食、急性瘤胃酸中毒、奶牛结核病、布鲁氏菌病、流行热、口蹄疫，乳头外伤、痘疮、胎衣不下、子宫内膜炎、产后败血症等，常伴有乳房炎的发生，因此，应及时治疗原发性疾病，对结核、布鲁氏菌病阳性牛，净化淘汰；预防乳头外伤和牛痘发生；对胎衣不下、子宫内膜炎要合理处治，并预防其发生。

（6）淘汰病牛

对病情严重而疗效不明显的病牛，低产而又呈慢性乳房炎病牛，及时淘汰是消灭乳房炎传染源的措施之一。其作用是切断传染源，保护健康牛群免受感染，这对于节省饲料和药物费用开支，都是有益的。

步骤二 实训内容

1. 问诊

询问发病时间、全身和乳腺的主要变化、既往病史、治疗情况、管理利用情况、母牛的繁殖史和泌乳史等。重点要弄清奶牛饲养环境、挤奶卫生及挤奶技术。

2. 临床检查

在进行全面的全身检查后进行乳房的局部检查。

（1）视诊

包括各乳叶的形状、大小、位置以及对称性；乳头及乳头管的形状，是否漏奶；乳房被毛的完整性如何，有被毛缺损提示可能存在损伤；乳房皮肤是否存在损伤、皮肤病、疤痕、水疱、血疹及溃疡，皮肤的颜色是什么样，有没有新生物等。

（2）触诊

用手触摸乳头管、乳头乳池、乳头管管壁、乳池棚、乳腺乳池、乳腺皮肤、乳腺实质组织及乳上淋巴结等。触诊时应先触诊表面和浅层部位，然后逐渐向深层触摸。一般触诊乳房的方法都是由乳头尖端开始，向上逐渐检查。

①皮温。将两只手的手背同时放于两乳区相对称的部位，感觉皮温是升高还是降低。

②实质部位的触诊。用手掌触摸感觉敏感性如何，并用手掌按揉实质，正常的实质软硬度为挤奶前有明显的坚实感，挤奶后质地柔软，且稍有弹性，乳腺实质纹路清晰。检查时注意实质内有无条状或囊状的肿胀物。触诊时还要感知皮肤的紧张性、皮肤厚度和可移动性。

③乳头触诊。用一只手的拇指和食指固定乳头的基部，以另一只手的拇指和食指检查。

④乳上淋巴结。检查左侧时，用左手顶起乳房，右手由正中线开始向外侧触诊乳房后缘。右侧检查方法相同。正常的乳上淋巴结约有鸡蛋大小，有弹性。发炎时淋巴结肿大，触摸敏感，坚实并且不可移动。

3. 试行榨乳

在检查乳腺时挤几把乳看看。其目的在于凭借手感和乳流强度，了解乳头括约肌的收缩力（看奶口的松紧）、乳头管及乳池状态、乳和乳腺分泌物的气味及眼观性状。

步骤三 撰写实训报告

要求：详细记录乳房炎的症状和治疗方法。

牛乳房炎实训报告表

姓名:____________ 班级:____________ 内容:______________ 日期:_____________

实训目的	
实训材料	
实训步骤	
结果分析	
学习体会	
教师评价	教师签字: 年 月 日

实训评价

实训评价表

评价项目	分值	扣分依据	自评分值	小组评分	教师评分	掌握程度
理论要点	10 分	描述错误不得分				基本 / 熟练
疾病诊断	10 分	错误不得分				基本 / 熟练
药物配制	30 分	错误 1 处扣 5 分				基本 / 熟练
实践操作	30 分	错误 1 处扣 5 分				基本 / 熟练
过程描述	10 分	描述错误 1 处扣 5 分				基本 / 熟练
病因分析	10 分	错误 1 处扣 5 分				基本 / 熟练
总计	100 分					

子宫内膜炎（2学时） 实训五十一

任务描述

掌握牛子宫内膜炎的临床症状，能根据病情进行正确的诊断和合理的治疗。

实训目的

（1）对子宫内膜炎进行区别诊断。

（2）掌握冲洗子宫的方法。

实训要求

（1）应严格按实训要求对理论要点进行巩固复习。

（2）诊断时应严谨仔细，根据临床症状进行认真分析，相互讨论后确诊。

（3）治疗时应严格按照治疗方法做出诊断方案，并规范、安全地完成实训。

（4）如若没有实训动物或实训条件不充足时，可利用相关视频进行一步步讲解，并按实际资源对技能要点进行反复操作。

实训准备

体温表、注射用具、药品、剪毛剪、子宫冲洗器等。

实训筹划

（1）熟悉子宫内膜炎的概念、诊断要点和主要临床症状。

（2）做好实训牛、药品的准备工作。

（3）根据诊断要点进行疾病诊断，并按治疗方法操作。

（4）分小组对治疗过程进行讨论，学生对技能要点应反复操作并对操作过程进行详细描述。

（5）在学生操作过程中教师须做全程评价，操作完成后学生须对实习过程进行小结。

（6）撰写实训报告。

实训步骤

步骤一 巩固理论知识点

子宫内膜炎是牛的子宫黏膜的黏液性或脓性炎症。

1.症状

（1）急性化脓性子宫内膜炎

病牛会从阴道排出脓样不洁分泌物，所以是很容易被发现的一种疾病。一般在分娩后胎衣不下，难产、死产时由于子宫收缩无力，不能排出恶露，子宫恢复很慢，造成大量细菌繁殖，脓样分泌物在子宫内积留后而成为子宫积脓症。病牛表现为弓腰努责，体温升高、精神沉郁、食欲、产奶量明显降低，反刍减弱或停止。

（2）黏液脓性子宫内膜炎

病牛临床表现为排出少量白色混浊的黏液或黏稠脓样分泌物，排出物可污染尾根和后躯，病牛有体温略高、食欲减退、精神沉郁、逐渐消瘦等全身轻微症状，阴道检查外子宫颈口呈肿胀和充血状态，直肠检查子宫壁增厚。本病往往并发卵巢囊肿。

（3）慢性脓性子宫内膜炎

可常见到从病牛阴门中排出脓性分泌物，尤其在卧下时排出特别多，排出的脓性分泌物常常粘在尾根部和后躯，形成干痂，病牛有时伴有贫血和消瘦症状，且精神沉郁。

（4）隐性子宫内膜炎

病牛临床上不表现任何异常，发情期正常，但屡配不孕，发情时的黏液中稍有混浊或混有很小的脓片，子宫的轻度感染往往是受精卵和胚胎发生死亡的原因。

2.治疗

（1）急性

每天用少量0.1%高锰酸钾冷溶液（15～20 ℃）冲洗子宫，直至排出液内无异物为止，第2天再向子宫内注入抗生素，如庆大霉素、土霉素等，每天1次，连用3～5 d。

（2）慢性

每天用少量温水（35 ℃左右）冲洗子宫，再向子宫内注入抗生素，每天1次。但要注意的是急性子宫炎只能用冷水冲洗，温水易促进炎症的扩散。慢性子宫炎用温水冲洗。不论是急性还是慢性，冲洗时溶液不能用量过大。

（3）全身治疗及对症治疗

可应用抗生素及磺胺类药物治疗或用“水乌钙”（10%水杨酸钠50～150 mL，40%乌洛托品30～50 mL，5%氯化钙50～200 mL，加入1瓶葡萄糖注射液内）。

3.预防

一定要避免不清洁的接产、产后不合理的管理及不卫生配种操作，从饲养管理上

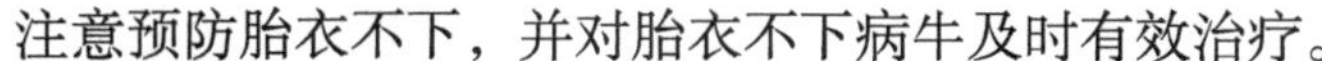

注意预防胎衣不下，并对胎衣不下病牛及时有效治疗。

步骤二 进行实训操作

1. 药物选用

子宫冲洗所选药物的种类，要按子宫内膜炎的类型来确定。慢性卡他性子宫内膜炎，可以选用 1% ～ 5% 的氯化钠溶液，也可用 1% ～ 2% 的苏打溶液。慢性卡他性脓性子宫内膜炎及慢性脓性子宫内膜炎，可采用 0.1% 高锰酸钾溶液、0.1% 利凡诺溶液、0.01% ～ 0.05% 新洁尔灭溶液或碘盐液（生理盐水 100 mL 加 2% 碘酊 2 ～ 3 mL）等冲洗。对病程较久的患牛，可先用 10% 氯化钠溶液冲洗子宫，以后逐渐将浓度降到 1%。

2. 冲洗子宫

为了能够比较容易地将洗涤器插入奶牛子宫，大多数人选择在奶牛发情期进行子宫冲洗，这是因为奶牛子宫颈口只有在发情时才处于开张状态。但此时子宫角与输卵管的宫管结合部也处于开放状态，如果在此期间冲洗子宫，且冲洗液的用量和压力掌握不恰当，很容易使冲洗液连同子宫内的炎性分泌物顺着宫管结合部流入输卵管，引起输卵管炎。因此，子宫洗治应避开奶牛发情期，一般在奶牛发情结束 6 d 以后再冲洗子宫。为了使子宫洗涤器通过子宫颈容易一些，可事先给患牛肌内注射雌激素，使子宫颈口开张，再插入子宫洗涤器进行冲洗。

3. 方法

先清洗外阴部，左手呈锥形，伸入肛门，掏去直肠蓄粪，在肠壁松弛间隙，在直肠下面骨盆腔和耻骨前缘附近寻找到粗硬的子宫颈，并握于掌心固定，右手持子宫洗涤器向阴道自下而上往内插入 12 ～ 15 cm 后（黄牛约 9 cm，牦牛约 6 cm）再向下展平插入，两手互相配合，使洗涤器对准颈口，左右上下摆动插入子宫，用注射器或静脉导管注入药液。一般使用 40 ～ 45 ℃的温溶液冲洗子宫。冲洗子宫应使用带回流装置的器材，每次注入的药液量要以子宫角的膨胀程度来确定，一般每次 50 ～ 100 mL，反复多次，总用液量 1 000 mL 左右，以回流液不含炎性分泌物、清亮透明为宜。市售的牛用子宫洗涤器都没有回流功能，不利于子宫冲洗液导出。可采用回收胚胎的冲胚管来代替，将子宫洗治液充分导出，达到清洁子宫的目的。

步骤三 撰写实训报告

要求：详细记录牛子宫内膜炎的症状和治疗方法。

子宫内膜炎实训报告表

姓名:__________ 班级:__________ 内容:__________ 日期:__________

实训目的	
实训材料	
实训步骤	
结果分析	
学习体会	
教师评价	教师签字: 年　　月　　日

实训评价

实训评价表

评价项目	分值	扣分依据	自评分值	小组评分	教师评分	掌握程度
理论要点	10 分	描述错误不得分				基本 / 熟练
疾病诊断	10 分	错误不得分				基本 / 熟练
药物配制	30 分	错误 1 处扣 5 分				基本 / 熟练
实践操作	30 分	错误 1 处扣 5 分				基本 / 熟练
过程描述	10 分	描述错误 1 处扣 5 分				基本 / 熟练
病因分析	10 分	错误 1 处扣 5 分				基本 / 熟练
总计	100 分					

卵巢囊肿（2学时） 实训五十二

任务描述

掌握牛卵巢囊肿的主要症状，能根据病情进行正确的诊断和合理的治疗。

实训目的

（1）掌握科学地应用激素药物。

（2）掌握激素药物的使用方法。

实训要求

（1）应严格按实训要求对理论要点进行巩固复习。

（2）诊断时应严谨仔细，根据临床症状进行认真分析，相互讨论后确诊。

（3）治疗时应严格按照治疗方法做出诊断方案，并规范、安全地完成实训。

（4）如若没有实训动物或实训条件不充足时，可利用相关视频进行一步步讲解，并按实际资源对技能要点进行反复操作。

实训准备

注射用具、药品、剪毛剪等。

实训筹划

（1）熟悉牛卵巢囊肿的概念、诊断要点和主要临床症状。

（2）做好实训牛、药品的准备工作。

（3）根据诊断要点进行疾病诊断，并按治疗方法操作。

（4）分小组对治疗过程进行讨论，学生对技能要点应反复操作并对操作过程进行详细描述。

（5）在学生操作过程中教师须做全程评价，操作完成后学生须对实习过程进行小结。

（6）撰写实训报告。

实训步骤

步骤一 巩固理论知识点

卵巢囊肿是指牛的卵泡肿大到直径在 2.5 cm 以上（正常成熟卵泡大约在 2.0 cm 以下），卵巢处于连续 10 d 不排卵的休止状态。

1. 异常发情

患有卵巢囊肿的牛一部分表现出长期不发情（不发情型）；另一部分表现为连续不断地发情（慕雄狂型），这部分牛频繁、不规则、长时间持续发情，表现出精神兴奋，频频哞叫，爬跨其他母牛而拒绝让其他母牛爬跨等。但有的牛会出现如同公牛一样的性进攻行为或攻击人，或者舐或爬跨发情的母牛。

2. 阴部变化

无论是哪种类型的牛都表现出整个外生殖器轻度水肿和弛缓，阴唇增大、松弛、水肿。慕雄狂牛还可能发生阴道脱出和阴道积气，阴门排出的黏液数量增多，比发情时排出的黏液还要黏稠。

3. 直肠检查

通过直肠检查能触摸到一侧或两侧的卵巢有一个或数个直径为 2.5 ～ 6.5 cm 的囊肿，呈圆柱形，10 d 后复诊时仍不排卵，大的囊肿继续存在。

步骤二 实训操作

（1）黄体生成素 100 ～ 200 IU，肌内注射，此药是治疗牛卵巢囊肿的良药。

（2）促性腺激素释放激素 0.5 ～ 1 mg，肌内注射。这里必须强调的一点就是，一定要在饲料管理及预防上狠下功夫，否则难以获得理想的治疗效果。

步骤三 撰写实训报告

要求：详细记录牛卵巢囊肿的症状和治疗方法。

卵巢囊肿实训报告表

姓名：__________ 班级：__________ 内容：__________ 日期：__________

实训目的	
实训材料	
实训步骤	
结果分析	
学习体会	
教师评价	教师签字： 年 月 日

实训评价

实训评价表

评价项目	分值	扣分依据	自评分值	小组评分	教师评分	掌握程度
理论要点	10 分	描述错误不得分				基本 / 熟练
疾病诊断	10 分	错误不得分				基本 / 熟练
药物配制	30 分	错误 1 处扣 5 分				基本 / 熟练
实践操作	30 分	错误 1 处扣 5 分				基本 / 熟练
过程描述	10 分	描述错误 1 处扣 5 分				基本 / 熟练
病因分析	10 分	错误 1 处扣 5 分				基本 / 熟练
总计	100 分					

实训五十三 胎衣不下（2学时）

任务描述

掌握牛胎衣不下的临床症状，能根据病情进行正确的诊断和合理的治疗。

实训目的

（1）了解若母牛分娩后12 h以上仍未能全部排出胎衣者应立即治疗。

（2）了解及早治疗恢复后才能保证母畜正常繁殖。

（3）掌握胎衣不下时治疗的方法。

实训要求

（1）应严格按实训要求对理论要点进行巩固复习。

（2）诊断时应严谨仔细，根据临床症状进行认真分析，相互讨论后确诊。

（3）治疗时应严格按照治疗方法做出诊断方案，并规范、安全地完成实训。

（4）如若没有实训动物或实训条件不充足时，可利用相关视频进行一步步讲解，并按实际资源对技能要点进行反复操作。

实训准备

体温表、注射用具、药品、消毒液、剪毛剪等。

实训筹划

（1）熟悉牛胎衣不下的概念、诊断要点和主要临床症状。

（2）做好实训牛、药品的准备工作。

（3）根据诊断要点进行疾病诊断，并按治疗方法操作。

（4）分小组对治疗过程进行讨论，学生对技能要点应反复操作并对操作过程进行详细描述。

（5）在学生操作过程中教师须做全程评价，操作完成后学生须对实习过程进行小结。

（6）撰写实训报告。

实训步骤

步骤一 巩固理论知识点

母牛分娩后在正常时间（分娩后 12 h内）、未能将胎衣全部排出，称为胎衣不下，其具体症状如下。

（1）病牛的胎衣大部分垂于阴门之外，有的牛是一小部分垂于阴门之外，而大部分还在子宫内。

（2）在夏季，胎衣排出停滞 2 d后，开始腐败并释放出难闻气味。

（3）有的病牛弓腰，频频努责，从阴门排出带有胎衣碎片的恶露。

（4）有的病牛出现体温升高，精神沉郁，食欲减退或废绝，泌乳减少或停止现象，甚至可转化为脓毒败血症；也有的病牛没有全身症状。

步骤二 实训操作

1. 激素疗法

每日注射雌激素 1 次，连用 2 ～ 3 d。也可灌服羊水 300 mL，灌服后 4 ～ 6 h胎衣仍未排出，可重复灌服 1 次。

2. 钙制剂疗法

钙制剂可以增强子宫收缩，促进胎衣排出，具体为5%氯化钙注射液150 ～ 200 mL，或用 10%葡萄糖酸钙注射液 400 ～ 600 mL，静脉注射。

3. 子宫投药法

向子宫内与胎膜之间注入 10%氯化钠 3 000 mL，或向子宫内塞入抗生素，可排出胎衣。胎衣排出后向子宫内塞入抗生素；对出现体温升高或食欲减退的病牛，要给予全身性抗生素类药物。

步骤三 撰写实训报告

要求：

（1）记录母牛产后多长时间没有排出胎衣可诊断为胎衣不下。

（2）记录胎衣不下的症状，如何治疗胎衣不下。

胎衣不下实训报告表

姓名：＿＿＿＿＿＿ 班级：＿＿＿＿＿＿ 内容：＿＿＿＿＿＿ 日期：＿＿＿＿＿＿

实训目的	
实训材料	
实训步骤	
结果分析	
学习体会	
教师评价	教师签字： 年　　月　　日

实训评价

实训评价表

评价项目	分值	扣分依据	自评分值	小组评分	教师评分	掌握程度
理论要点	10 分	描述错误不得分				基本 / 熟练
疾病诊断	10 分	错误不得分				基本 / 熟练
药物配制	30 分	错误 1 处扣 5 分				基本 / 熟练
实践操作	30 分	错误 1 处扣 5 分				基本 / 熟练
过程描述	10 分	描述错误 1 处扣 5 分				基本 / 熟练
病因分析	10 分	错误 1 处扣 5 分				基本 / 熟练
总计	100 分					

阴道、子宫脱出（2学时）

实训五十四

任务描述

掌握牛阴道、子宫脱出的症状特点，能根据病情进行正确的诊断和合理的治疗。

实训目的

（1）掌握阴道脱出与子宫脱出的区别诊断。

（2）了解缝合阴门时要注意留下排尿的部分。

（3）了解缝合阴门要牢固，防止牛强烈努责时缝线勒伤组织。

实训要求

（1）应严格按实训要求对理论要点进行巩固复习。

（2）诊断时应严谨仔细，根据临床症状进行认真分析，相互讨论后确诊。

（3）治疗时应严格按照治疗方法做出诊断方案，并规范、安全地完成实训。

（4）如若没有实训动物或实训条件不充足时，可利用相关视频进行一步步讲解，并按实际资源对技能要点进行反复操作。

实训准备

缝合线、缝合针、注射用具、药品、剪毛剪等。

实训筹划

（1）熟悉牛阴道、子宫脱出的概念，以及诊断要点和主要临床症状。

（2）做好实训牛、药品的准备工作。

（3）根据诊断要点进行疾病诊断，并按治疗方法操作。

（4）分小组对治疗过程进行讨论，学生对技能要点应反复操作并对操作过程进行详细描述。

（5）在学生操作过程中教师须做全程评价，操作完成后学生须对实习过程进行小结。

（6）撰写实训报告。

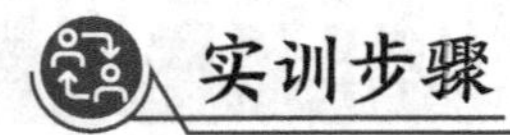

实训步骤

步骤一 巩固理论知识点

1. 阴道脱出

阴道脱出是指牛的阴道壁的一部分突出于阴门外，或者整个阴道翻转脱垂于阴门外。初期或症状较轻时，牛趴下时从阴门脱出一个拳头大至排球大的球状物，起立后，能自然回缩。如果症状较重，则阴道就会全部脱出，而不能自行回缩。脱出的阴道黏膜在初期表面光滑，湿润呈粉红色；以后则淤血、水肿，变为紫红色或暗红色。黏膜表面干裂并流出带血的液体，病牛由于疼痛而剧烈地努责。

2. 子宫脱出

子宫脱出是牛子宫角的一部分或全部发生内翻，嵌入宫腔及阴道内或脱垂于阴门外。当子宫角尖端翻入宫腔时，常无临床症状；当内翻子宫角进入宫颈及阴道时，母牛表现出不安，举尾弓腹，频频努责；当内翻子宫全部脱出阴门外时，能见到子宫表面大小不等的宫阜。子宫脱出时间稍长后，子宫黏膜淤血、水肿，呈黑红色肉冻样。

步骤二 进行实训操作

1. 阴道脱出的治疗方法

（1）症状较轻的病牛应单独饲养，牛床后面垫高，使后躯高于前躯，有一定的防治效果。

（2）手术疗法。对阴道完全脱出和不能自行复位的部分脱出病牛，要进行局部清理和整复固定。

①局部清理。脱出部分先用生理盐水或0.1%高锰酸钾溶液清洗消毒，再用3%温明矾溶液清洗，使其收缩变软。对于有损伤的部分应予以缝合；对水肿严重的可用热毛巾敷10～20 min，使其体积变小。

②保定。将牛固定在前低后高的牛床上，以利于整复脱出的阴道。

③整复。助手用纱布将脱出的阴道托起至阴门部，术者用手掌趁病牛不努责时往阴门内推送，待全部送入后，再用拳头将阴道顶回原位。这时术者的手臂应在阴道内停留一段时间，以免病牛努责时阴道再次脱出。

④固定。采用双内翻缝合固定法，即在阴门裂的上1/3处从一侧阴唇距离阴门裂3 cm处进针，从距离阴门裂0.5 cm处穿出，越过阴门在对侧距阴门裂0.5 cm处进针，从距阴门裂3 cm处穿出。然后在出针孔之下2～3 cm处进针，做相同的对称缝合，从对侧出针束紧线头打一活结，以便在牛临产时易于拆除。根据阴门裂的长度，必要时再用上述方法做1～2道缝合，但要注意留下阴门下角，便于排尿。另外，给阴门两侧外露的缝线和越过阴门的缝线套上一段细胶管，以防止牛强烈努责时缝线勒伤组织。

此外，还有袋口缝合固定法、阴道侧壁缝合固定法等。无论哪种缝合方法，缝线

都应牢固，能承受很大的压力，同时应在母牛分娩前拆除。牛的阴道脱出整复后，也可用绳将阴门压定器固定在阴门裂上。

⑤术后护理。将病牛置于前低后高的牛床上进行饲养，为防止牛的继续努责，可适当给些镇静剂，局部涂布碘甘油或其他消毒防腐药。如果病牛有全身症状，则应连续注射 3 d抗生素，待完全愈合后再拆线。

2. 子宫脱出的治疗方法

（1）抬高病牛后躯，用温热的消毒液将子宫及外阴和尾根区域充分清洗干净，除去其上黏附的污物及坏死组织。黏膜上的小创伤可涂抑菌防腐药，大的创伤则需要缝合。

（2）由助手将子宫兜起提高并将子宫摆正，然后由术者进行整复。整复的方法同阴道脱出。

（3）肌肉注射较大剂量的子宫收缩药，促使子宫角和子宫颈收缩，以防止子宫角复脱。不需要对牛的阴门进行缝合或压定。

（4）子宫复位后，随即投入较大剂量的广谱抗生素，防止可能继发的子宫内膜炎。

步骤三 撰写实训报告

要求：详细记录牛阴道脱出与子宫脱出的诊断要点和治疗方法。

阴道、子宫脱出实训报告表

姓名：＿＿＿＿＿＿ 班级：＿＿＿＿＿＿ 内容：＿＿＿＿＿＿ 日期：＿＿＿＿＿＿

实训目的	
实训材料	
实训步骤	
结果分析	
学习体会	
教师评价	教师签字： 年　月　日

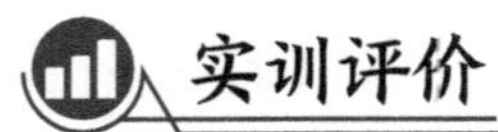

实训评价

实训评价表

评价项目	分值	扣分依据	自评分值	小组评分	教师评分	掌握程度
理论要点	10 分	描述错误不得分				基本 / 熟练
疾病诊断	10 分	错误不得分				基本 / 熟练
药物配制	30 分	错误 1 处扣 5 分				基本 / 熟练
实践操作	30 分	错误 1 处扣 5 分				基本 / 熟练
过程描述	10 分	描述错误 1 处扣 5 分				基本 / 熟练
病因分析	10 分	错误 1 处扣 5 分				基本 / 熟练
总计	100 分					

产后瘫痪（2学时）实训五十五

任务描述

掌握牛产后瘫痪的症状，能根据病情进行正确的诊断和合理的治疗。

实训目的

（1）掌握准确诊断牛产后瘫痪的症状特征。

（2）能够根据合理方案进行正确的治疗。

实训要求

（1）应严格按实训要求对理论要点进行巩固复习。

（2）诊断时应严谨仔细，根据临床症状进行认真分析，相互讨论后确诊。

（3）治疗时应严格按照治疗方法做出诊断方案，严禁口服投药，并规范、安全地完成实训。

（4）如若没有实训动物或实训条件不充足时，可利用相关视频进行一步步讲解，并按实际资源对技能要点进行反复操作。

实训准备

乳房送风器、体温表、注射用具、药品、剪毛剪、消毒剂等。

实训筹划

（1）熟悉牛产后瘫痪的概念、诊断要点和主要临床症状。

（2）做好实训牛、药品的准备工作。

（3）根据诊断要点进行疾病诊断，并按治疗方法操作。

（4）分小组对治疗过程进行讨论，学生对技能要点应反复操作并对操作过程进行详细描述。

（5）在学生操作过程中教师须做全程评价，操作完成后学生须对实习过程进行小结。

（6）撰写实训报告。

实训步骤

步骤一 巩固理论知识点

产后瘫痪又称生产瘫痪，是指成年母牛分娩后突然发生的一种以急性低血钙为主要特征的营养代谢障碍病。高产奶牛多发生在第3至第6胎。其具体特征如下。

(1)该病多发生在饲养良好的高产奶牛上，第3至第6胎产后3 d内。

(2)趴卧期。病牛呈爬趴卧姿势，头颈向一侧弯扭，意识抑制，闭目昏睡，瞳孔散大，对光反应迟钝。四肢肌肉强直消失以后，反因呈现无力状态而不能起立。这时耳根部及四肢皮肤发凉，体温下降，出现循环障碍，脉搏每分钟增至90次左右，脉弱无力，反刍停止，食欲废绝。因此，此期以意识障碍、体温降低、食欲废绝为特征。

(3)昏睡期。病牛躺卧姿势特殊，即四肢屈于体下，头向后弯于胸部一侧或头颈部呈“S”形弯曲，昏迷，瞳孔散大，对光的反射完全消失。体温进一步降低和循环障碍加剧，脉搏急速(每分钟达120次左右)。

(4)舌、咽、消化道麻痹，体温下降。

步骤二 实训操作

如果治疗及时而且正确，则90%以上的病牛可以痊愈；如治疗不及时，则50%～60%的病牛在12～48 h内死亡。

1. 钙剂疗法

20%～25%葡萄糖酸钙溶液500 mL静脉注射，注射后6～12 h病牛如无反应，可重复注射，最多不能超过3次。第2次治疗时可同时注入等量的50%葡萄糖溶液200 mL、15%磷酸钠溶液200 mL及15%硫酸镁溶液200 mL。

2. 乳房送风法

用乳房送风器向乳房内打气。送风前，先用0.1%新洁尔灭对乳房消毒并擦干，再将乳房内的乳汁挤净。用酒精棉球消毒乳头和乳头管口，为了防止感染，可先注入青霉素注射液80万IU。然后用乳房送风器往乳房内充气，充气的顺序是先充下部乳区，后充上部乳区，打入的空气量以乳房皮肤紧张、基部边缘轮廓清楚为准，此时用手指弹敲乳房呈鼓音。最后用绷带轻轻扎住乳头，经2 h后取下绷带，12～24 h后气体消失。此种方法如果和静脉注射钙剂同时进行则效果更佳。

3. 对症治疗

如瘤胃臌气时应穿刺放气，心衰时应用强心剂，严禁口服投药。

步骤三 撰写实训报告

要求：详细记录产后瘫痪的诊断要点和治疗方法。

产后瘫痪实训报告表

姓名：__________ 班级：__________ 内容：__________ 日期：__________

实训目的	
实训材料	
实训步骤	
结果分析	
学习体会	
教师评价	教师签字： 年 月 日

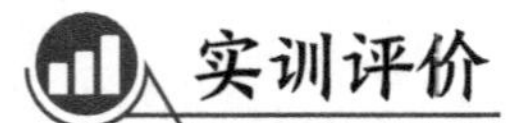

实训评价

实训评价表

评价项目	分值	扣分依据	自评分值	小组评分	教师评分	掌握程度
理论要点	10 分	描述错误不得分				基本 / 熟练
疾病诊断	10 分	错误不得分				基本 / 熟练
药物配制	30 分	错误 1 处扣 5 分				基本 / 熟练
实践操作	30 分	错误 1 处扣 5 分				基本 / 熟练
过程描述	10 分	描述错误 1 处扣 5 分				基本 / 熟练
病因分析	10 分	错误 1 处扣 5 分				基本 / 熟练
总计	100 分					

牛布鲁氏菌病的检疫（2学时）

实训五十六

任务描述

掌握牛布鲁氏菌病的实验室检测方法。

实训目的

（1）掌握如何准确诊断牛布鲁氏菌病的症状特征。

（2）能够根据合理方案进行正确的治疗。

（3）本病在鉴别诊断上应注意，要与其他传染病和非传染病原因引起的流产进行区别。

实训要求

（1）应严格按实训要求对理论要点进行巩固复习。

（2）诊断时应严谨仔细，根据临床症状进行认真分析，相互讨论后确诊。

（3）治疗时应严格按照治疗方法做出诊断方案，并规范、安全地完成实训。

（4）如若没有实训动物或实训条件不充足时，可利用相关视频进行一步步讲解，并按实际资源对技能要点进行反复操作。

实训准备

牛场，试验用抗原，标准阳性血清、阴性血清，注射器，酒精棉球等。

实训筹划

（1）熟悉牛布鲁氏菌病的概念、诊断要点和主要临床症状。

（2）做好实训牛、药品的准备工作。

（3）根据诊断要点进行疾病诊断，并按治疗方法操作。

（4）分小组对治疗过程进行讨论，学生对技能要点应反复操作并对操作过程进行详细描述。

（5）在学生操作过程中教师须做全程评价，操作完成后学生须对实习过程进行小结。

（6）撰写实训报告。

实训步骤

步骤一 病料采取

采取整个流产胎儿，或以无菌手术采取流产胎儿的胃内容物、羊水、胎盘的坏死部分、阴道分泌物、乳汁和尿并装入灭菌的容器内。

步骤二 细菌学检查

将采取的病料直接涂片，用革兰氏染色和柯兹洛夫斯基染色后镜检。革兰氏染色可见革兰氏阴性球杆菌，常散在排列，无鞭毛，不形成芽孢。柯兹洛夫斯基染色后镜检，可见布鲁氏菌被染成鲜红色，而其他菌被染成绿色。

步骤三 血清学诊断

常采用平板凝集试验和试管凝集试验。

1. 平板凝集试验

操作时首先在一洁净的玻璃板上划一些 4 cm^2 的方格，在各方格标记受检血清号。其次，滴加相应血清 0.03 mL，再在受检血清旁滴加抗原 0.03 mL。最后，用牙签或火柴棒搅动血清和抗原，使之均匀混合。每次试验应设阴、阳血清对照。抗原与血清混合后，出现肉眼可见凝集现象判定为阳性（+），否则判定为阴性（-）。

2. 试管凝集试验

操作时先将被检血清稀释成 1∶25、1∶50、1∶100、1∶200 4 个稀释度，每支试管加稀释后血清的量是 0.5 mL。其次，将 20 倍稀释的抗原 0.5 mL加入已稀释好的血清管中并震荡摇匀，血清的最终稀释度依次为 1∶50、1∶100、1∶200、1∶400。最后，将震荡均匀的抗原、血清混合液置于 37 ℃恒温箱中 24 h，取出检查并记录结果。每次试验必须设有阴、阳血清和抗原对照。结果判定：1∶100 稀释度出现凝集现象时，受检血清被判定为阳性；当 1∶50 稀释度出现凝集现象时，受检血清被判定为可疑。有可疑反应的牛 3 ～ 4 周后重检，如果仍为可疑，则该牛被判定为阳性。目前市场有出售的成品试剂盒，操作简单准确。

步骤四 撰写实训报告

要求：详细记录检查结果。

牛布鲁氏菌的检疫实训报告表

姓名:____________ 班级:____________ 内容:______________ 日期:_____________

实训目的	
实训材料	
实训步骤	
结果分析	
学习体会	
教师评价	教师签字: 年　　月　　日

实训评价

实训评价表

评价项目	分值	扣分依据	自评分值	小组评分	教师评分	掌握程度
理论要点	10 分	描述错误不得分				基本 / 熟练
疾病诊断	10 分	错误不得分				基本 / 熟练
药物配制	30 分	错误 1 处扣 5 分				基本 / 熟练
实践操作	30 分	错误 1 处扣 5 分				基本 / 熟练
过程描述	10 分	描述错误 1 处扣 5 分				基本 / 熟练
病因分析	10 分	错误 1 处扣 5 分				基本 / 熟练
总计	100 分					

实训五十七 牛结核病的检疫（2学时）

任务描述

掌握牛结核病的实验室检测技术操作方法。

实训目的

（1）掌握准确诊断牛结核病的症状特征。

（2）能够根据合理方案进行正确的治疗。

实训要求

（1）应严格按实训要求对理论要点进行巩固复习。

（2）诊断时应严谨仔细，根据临床症状进行认真分析，相互讨论后确诊。

（3）治疗时应严格按照治疗方法做出诊断方案，并规范、安全地完成实训。

（4）如若没有实训动物或实训条件不充足时，可利用相关视频进行一步步讲解，并按实际资源对技能要点进行反复操作。

实训准备

牛场，牛结核菌素，标准阳性血清、阴性血清，注射器，酒精棉球，游标卡尺等。

实训筹划

（1）熟悉牛结核病的概念、诊断要点和主要临床症状。

（2）做好实训牛、药品的准备工作。

（3）根据诊断要点进行疾病诊断，并按治疗方法操作。

（4）检查时有时会出现假阳性反应，因此对于可疑病牛应反复多次地检测，最好同时做痰液、粪便、乳汁和其他分泌物的细菌学检查，以防止错诊和漏诊。

（5）分小组对治疗过程进行讨论，学生对技能要点应反复操作并对操作过程进行详细描述。

（6）在学生操作过程中教师须做全程评价，操作完成后学生须对实习过程进行小结。

（7）撰写实训报告。

实训步骤

（1）用游标卡尺测量牛颈一侧中部 1/3 处的皮肤厚度并做记录，同时牛的双眼应无任何炎症表现，方可进行检测。

（2）对测量过厚度的皮肤，将 0.2 mL的结核菌素注入皮内。

（3）同时，将 3 ～ 5 滴结核菌素滴入该牛的左眼内。

（4）在皮内注入结核菌素后的 72 h和 120 h，分别做 2 次观察和记录。眼内滴注结核菌素后，分别在 3 h、6 h、9 h、24 h进行观察和记录。

（5）结果判定如下。

①局部有明显的炎性反应，皮厚差大于或等于 4.0 mm 为阳性反应；滴入结核菌素的左眼出现 2 个米粒大小的，或者为 2 mm×10 mm以上的黄白色脓样分泌物，并有充血、浮肿、流泪、怕光等反应者，为阳性反应。

②局部炎性反应不明显，皮厚差大于或等于 2.0 mm，同时小于 4.0 mm为疑似反应。凡判定为疑似反应的牛只，第 1 次检疫 60 d后均须进行复检，其结果仍为疑似反应者，须经 60 d再进行复检，如仍为疑似反应者，则应判为阳性。

③无炎性反应，皮厚差在 2.0 mm以下为阴性反应。

步骤三 撰写实训报告

要求：详细记录检查结果。

牛结核病的检疫实训报告表

姓名:____________ 班级:____________ 内容:____________ 日期:____________

实训目的	
实训材料	
实训步骤	
结果分析	
学习体会	
教师评价	教师签字: 年　　月　　日

实训评价

实训评价表

评价项目	分值	扣分依据	自评分值	小组评分	教师评分	掌握程度
理论要点	10 分	描述错误不得分				基本 / 熟练
疾病诊断	10 分	错误不得分				基本 / 熟练
药物配制	30 分	错误 1 处扣 5 分				基本 / 熟练
实践操作	30 分	错误 1 处扣 5 分				基本 / 熟练
过程描述	10 分	描述错误 1 处扣 5 分				基本 / 熟练
病因分析	10 分	错误 1 处扣 5 分				基本 / 熟练
总计	100 分					

寄生虫虫卵和卵囊的检查（2学时）

实训五十八

任务描述

掌握寄生虫虫卵和卵囊的实验室检查方法。

实训目的

掌握卵囊的实验室检查方法。

实训要求

（1）应严格按实训要求对理论要点进行巩固复习。

（2）诊断时应严谨仔细，根据临床症状进行认真分析，相互讨论后确诊。

（3）治疗时应严格按照治疗方法做出诊断方案，并规范、安全地完成实训。

（4）如若没有实训动物或实训条件不充足时，可利用相关视频进行一步步讲解，并按实际资源对技能要点进行反复操作。

实训准备

牛场、牛粪便、离心机、烧杯、尼龙筛、玻璃棒等。

实训筹划

（1）熟悉寄生虫虫卵和卵囊检查的概念、诊断要点和主要临床症状。

（2）做好实训牛、药品的准备工作。

（3）根据诊断要点进行疾病诊断，并按治疗方法操作。

（4）分小组对治疗过程进行讨论，学生对技能要点应反复操作并对操作过程进行详细描述。

（5）在学生操作过程中教师须做全程评价，操作完成后学生须对实习过程进行小结。

（6）撰写实训报告。

实训步骤

步骤一 粪便的采集、保存和寄送

被检粪便应该是新鲜而且未被污染的。新鲜的粪样最好从直肠直接采集。采取自然排出的粪便，则须采取粪堆和粪球上部或中间未被污染的。采取的粪便按头编号，并将其装入清洁的容器内。采集用具应每采取 1 份清洗 1 次，以免互相污染。采取的粪便应尽快检查，不能立即检查时，应放在冷暗处或冰箱中保存。当地不能检查而须转送出时，或者须长期保存时，可将粪便浸入加温至 50 ～ 60 ℃的 5% ～ 10% 的福尔马林液中，使粪便中的虫卵失去生活能力，既起到固定作用，又不改变形态，还能防止微生物的繁殖。

步骤二 沉淀检查法

该方法的原理是虫卵比水重，可自然沉于水底，便于集中检查。此方法多用于吸虫病和棘头虫病的诊断。

（1）彻底洗净法。取粪便 5 ～ 10 g 置于烧杯或塑料杯中，加 10 ～ 20 倍水充分搅和，再用金属筛或纱布滤入另一杯中。滤液静置 20 min 后倾去上层液体，再加水与沉淀物重新搅和、静置，如此反复水洗沉淀物多次，直至上层液体透明。最后倒去上清液，用吸管吸取沉淀物滴于载玻片上，加盖玻片镜检。

（2）离心机沉淀法。取粪便 3 g 置于小杯中，加 10 ～ 15 倍水搅拌混和，然后将粪液用金属筛或纱布滤入离心管中，在电动离心机中以 2 500 ～ 3 000 r/min 的速度离心沉淀 1 ～ 2 min，或在手摇离心机中离心 3 ～ 5 min。取出后倒去上层液，再加水搅和，离心沉淀。如此离心沉淀 2 ～ 3 次，最后倒去上清液，用吸管吸取沉淀物滴于载玻片上，加盖玻片镜检。

（3）尼龙筛淘洗法。取 5 ～ 10 g 粪便置于烧杯或塑料杯中，加 10 ～ 15 倍水后用金属筛（40 目或 60 目）滤入另一杯中，将粪液全部倒入尼龙筛网中再进行过滤。滤液废弃，粪便剩到网内。然后将尼龙网依次浸入两只盛水的器皿（桶或盆）内，并反复用光滑的圆头玻璃棒轻轻搅拌网内粪渣。直至粪渣中的杂质全部被清洗。最后用少量清水淋洗筛壁四周与玻璃棒，使粪渣集于网底，用吸管吸取粪渣滴于载玻片上，加盖玻片镜检。

步骤三 漂浮法

该方法的原理是应用比重较虫卵大的溶液作为检查用的漂浮液，使寄生虫卵、球虫卵囊等浮于液体表面后进行集中检查。漂浮法对大多数寄生虫，如某些线虫卵、绦虫卵和球虫卵囊等有很好的检出效果。

（1）饱和盐水漂浮法。取粪便 5 ～ 10 g 置于 100 ～ 200 mL 烧杯或塑料杯中，加入少量漂浮液搅拌混合后，继续加入约 20 倍的漂浮液。然后将粪液用金属筛或纱布滤于另一杯中，舍去粪渣。静置滤液 30 ～ 40 min，用直径 0.5 ～ 1 cm的金属圈水平接触滤液面，提起后将附着在金属圈的液膜抖落于载玻片上，如此多次蘸取不同部位的液面后，加盖玻片镜检。

（2）试管浮聚法。取 2 g粪便置于烧杯或塑料杯中，加入 10 ～ 20 倍漂浮液进行搅拌混合，然后将粪液用金属筛或纱布滤入另一杯中。将滤液倒入直立的平口中试管或青霉素瓶中，直到液面接近管口，然后用滴管补加粪液，滴至液面凸出管口为止。静置 30 min后，用清洁盖玻片轻轻接触液面，提起后放于载玻片上镜检。

步骤四 撰写实训报告

要求：详细记录检查结果。

寄生虫虫卵和卵囊的检查实训报告表

姓名：________ 班级：________ 内容：________ 日期：________

实训目的	
实训材料	
实训步骤	
结果分析	
学习体会	
教师评价	教师签字： 年　　月　　日

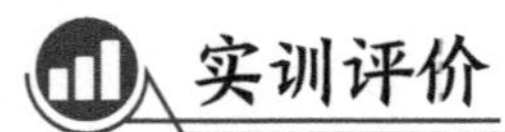

实训评价

实训评价表

评价项目	分值	扣分依据	自评分值	小组评分	教师评分	掌握程度
理论要点	10 分	描述错误不得分				基本 / 熟练
疾病诊断	10 分	错误不得分				基本 / 熟练
药物配制	30 分	错误 1 处扣 5 分				基本 / 熟练
实践操作	30 分	错误 1 处扣 5 分				基本 / 熟练
过程描述	10 分	描述错误 1 处扣 5 分				基本 / 熟练
病因分析	10 分	错误 1 处扣 5 分				基本 / 熟练
总计	100 分					

驱虫技术（2学时）实训五十九

任务描述

掌握体内外不同寄生虫的正确驱虫方法，包括驱虫药物选择、配制及用药方法。

实训目的

（1）掌握驱虫药的配制方法。

（2）掌握正确的驱虫方法。

实训要求

（1）驱虫前选择驱虫药，拟定剂量、剂型和给药方法疗程，记载药品的制造单位和批号等。

（2）进行小群试验，观察疗效及安全性。

（3）对驱虫牛进行健康检查，估算体重，孕牛慎用。

（4）驱虫前1～2 d观察畜群，如无异常即可驱虫。给药后（特别是给药后3～5 h）观察牛群变化，如发现中毒应立即施救。

（5）加强牛群的饲养管理，停止使役。

（6）投药后5～3 d内，牛群圈留，粪便集中生物发酵。

（7）如若没有实训动物或实训条件不充足时，可利用相关视频进行一步步讲解，并按实际资源对技能要点进行反复操作。

实训准备

（1）药品：常用驱虫药。

（2）器材：给药用具，称重用具，粪检用具。

（3）动物：牛群。

（4）其他：检查记录。

实训筹划

（1）熟悉驱虫技术的概念、诊断要点和主要临床症状。

（2）做好实训牛、药品的准备工作。

（3）根据诊断要点进行疾病诊断，并按治疗方法操作。

（4）分小组对治疗过程进行讨论，学生对技能要点应反复操作并对操作过程进行详细描述。

（5）在学生操作过程中教师须做全程评价，操作完成后学生须对实习过程进行小结。

（6）撰写实训报告。

实训步骤

步骤一 驱虫药

1. 驱虫药的选择原则

（1）广谱。驱寄生虫的种类多。

（2）高效。对成虫、幼虫都有良好的驱虫效果。

（3）低毒。治疗量不具有急性中毒、慢性中毒、致畸致突变等危险。

（4）方便。给药方法方便，适合大群驱虫。

（5）廉价。同类药物价格低。

2. 驱虫药的配制

一般配混悬液。先将淀粉、面粉或细玉米面加入少量水中，搅匀后再加入药粉继续搅拌，最后加足量水即成悬混液，注意边加边搅拌。

3. 给药方法

动物个体给药，相应的投药方法与临床常用给药法相同。包括测体重、精确计算药量、将总药量驱虫药混于少量湿料中、均匀地与日粮混合、撒于饲槽中饲喂。

步骤二 驱虫效果的评定

驱虫效果主要通过驱虫前后以下各方面的情况对比来确定。

（1）发病与死亡。对比驱虫前后的发病率与死亡率。

（2）营养状况。对比驱虫前后各种营养状况所占比例。

（3）临床表现。观察驱虫后临床病状减轻与消失的情况。

（4）生产能力。对比驱虫前后的生产性能。

（5）寄生虫情况。一般可通过虫卵减少率和虫卵转阴率来确定，必要时可通过剖检粗计和精计驱虫效果。

步骤三 撰写实训报告

要求：写出驱除体内（绦虫）与体外（牛皮蝇蚴）寄生虫工作的详细报告。

驱虫技术实训报告表

姓名:____________ 班级:____________ 内容:______________ 日期:_____________

实训目的	
实训材料	
实训步骤	
结果分析	
学习体会	
教师评价	教师签字: 年　　月　　日

实训评价

实训评价表

评价项目	分值	扣分依据	自评分值	小组评分	教师评分	掌握程度
理论要点	10 分	描述错误不得分				基本 / 熟练
疾病诊断	10 分	错误不得分				基本 / 熟练
药物配制	30 分	错误 1 处扣 5 分				基本 / 熟练
实践操作	30 分	错误 1 处扣 5 分				基本 / 熟练
过程描述	10 分	描述错误 1 处扣 5 分				基本 / 熟练
病因分析	10 分	错误 1 处扣 5 分				基本 / 熟练
总计	100 分					

参考文献

曹玉凤，李秋凤，2013.规模化生态肉牛养殖技术［M］.北京：中国农业大学出版社.

陈历俊，2008.原料乳生产与质量控制［M］.北京：中国轻工业出版社.

丑武江，2016.养牛与牛病防治［M］. 2版. 北京：中国农业大学出版社.

丁洪涛，2008.牛生产［M］.北京：中国农业出版社.

姜明明，2012.牛羊生产与疾病防治［M］.北京：化学工业出版社.

昝林森，唐万寿，2000.牛生产学实验实习指导［M］.咸阳：西北农林科技大学.

兰旅涛，吴华东，2017.动物科学专业实训教程［M］.北京：中国农业大学出版社.

李本亭，张凤祥，王建民，等，1999.大棚高效养肉牛新技术［M］.济南：山东科学技术出版社.

李建国，2007.现代奶牛生产［M］.北京：中国农业大学出版社.

刘月琴，张英杰，2004.肉牛舍饲技术指南［M］.北京：中国农业大学出版社.

刘占民，2002.奶牛饲养管理与疾病防治［M］.北京：中国农业科学技术出版社.

莫放，2010.养牛生产学［M］. 2版. 北京：中国农业大学出版社.

权凯，2010.奶牛健康高产养殖手册［M］.郑州：河南科学技术出版社.

宋连喜，田长永，2019.牛生产［M］. 2版. 北京：中国农业大学出版社.

宋连喜，2007.牛生产［M］.北京：中国农业大学出版社.

覃国森，丁洪涛，2012.养牛与牛病防治［M］.北京：中国农业出版社.

王加启，2006.现代奶牛养殖科学［M］.北京：中国农业大学出版社.

王恬，陈桂银，2002.畜禽生产［M］.北京：高等教育出版社.

严昌国，2004.肉牛科学饲养［M］.北京：中国农业出版社.

杨慧芳，周新民，2003.畜牧兽医综合技能［M］.北京：中国农业出版社.

张建中，2009.肉牛生产实用技术［M］.北京：化学工业出版社.

张金洲，李月涛，韦光辉，2018.动物生产学［M］.北京：中国农业大学出版社.

张学炜，李德林，2014.规模化奶牛场生产与经营管理手册［M］.北京：中国农业出版社.

周贵，王立克，黄瑞华，等，2006.畜禽生产学实验教程［M］.北京：中国农业大学出版社.

周贵，张拴林，2015.牛生产学实验实习指导［M］.北京：中国农业大学出版社.

参考文献